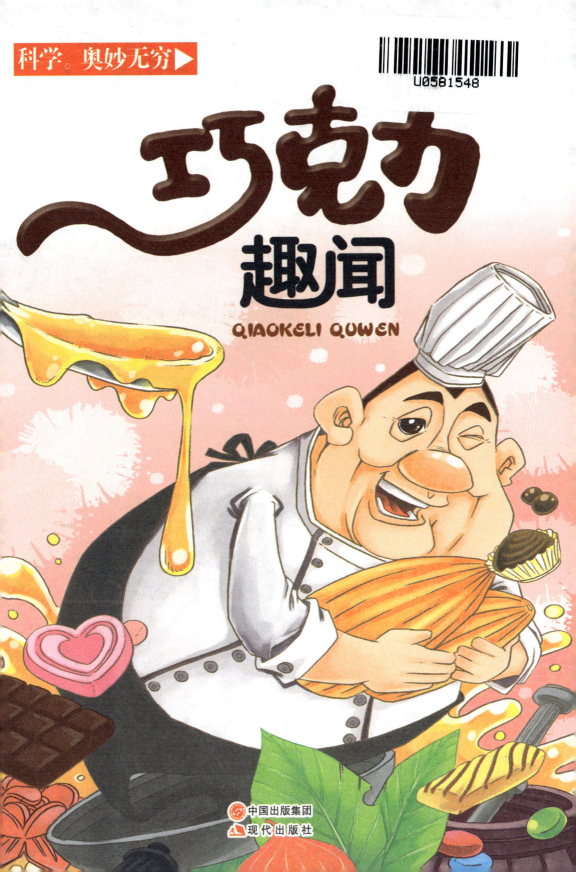

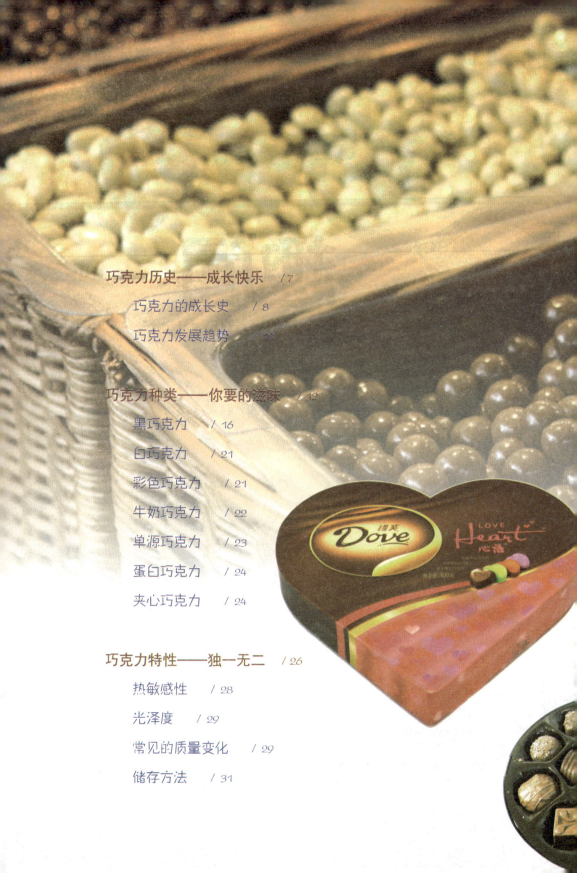

目 录

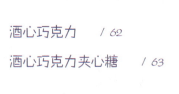

目 录

很多人会从身边走过，很多事一路飘远，但在时光的河流里，总有一些东西是不会变的，它留给你的味道让你每一次想起它都觉得妙不可言，它留给你的颜色让你每一次看到它都觉得心旷神怡，它留给你的记忆让你每一次回忆都幸福满满。还记得与朋友们相见时的那种按捺不住的心情吗？就像多姿多彩的m&m's巧克力豆一样欢快愉悦。这些彩色的小精灵，缤纷的色彩是它们与生俱来的天性，分享欢乐是它们的本色。有它们在，就有欢声笑语。有它们在，心情也会如晴空中的彩虹般亮丽。它们有像青春一样跳动的色彩，它们有飞扬的个性，它们有无畏的自信和勇气，它们更有满心的热情随时释放。你会情不自禁地被它们吸引，感染它们的颜色，分享它们的快乐。它就是浓情蜜意的巧克力。

● 巧克力历史——成长快乐

巧克力是外来词Chocolate的译音(粤语地区译为"朱古力")。它是以可可作为主料的一种混合型食品,主要原料可可豆,是像椰子般的果实,在树干上会开花结果,产于赤道南北纬10°以内的狭长地带。

巧克力富含丰富的镁、钾和维生素A以及可可碱,因而具有高能值。对人类来说,可可碱是一种健康的反镇静成分,故食用巧克力有提升精神、增强兴奋等功效。可可含有苯乙胺,坊间称其能够使人有恋爱的感觉。巧克力由可可豆加工而成,主要有效成分是高脂肪的可可脂与低脂肪的可可块,可可碱主要存在于可可块中。

巧克力的成长史 >

巧克力的起源甚早，始于墨西哥盛极一时的阿斯帝卡王朝最后一任皇帝孟特儒，当时是崇拜巧克力的社会，喜欢以辣椒、番椒、香草豆和香料添加在饮料中，打起泡沫，并以黄金杯子每天喝50CC，属于宫廷成员的饮料，它的学名Theobroma有"众神的饮料"之意，被视为贵重的强心、利尿的药剂，它对胃液中的蛋白质分解酵素具有活化性的作用，可帮助消化。

16世纪初西班牙探险家荷南·科尔蒂斯发现，墨西哥阿兹特克国王饮用一种用可可豆去壳磨细和玉米、香辛料和水混合研磨成液体制成的饮料。科尔蒂斯品尝后带回西班牙，并在西非一个小岛上种植了可可树。西班牙人将可可豆磨成了粉，并加入水和糖，将加热后制成的饮料称为"巧克力"，深受大众欢迎。不久其制作方法被意大利人学会，并且很快传遍欧洲。

17世纪饮用巧克力从西班牙传到法国，而后很快在英国普及开来，至17世纪末巧克力在英国和其他欧洲国家已十分普遍。

1765年，巧克力进入美国，被科学家托马斯·杰斐逊赞为"具有健康和营养的优点"。

19世纪初，荷兰人从可可豆的焙炒、去壳、精磨和榨油生产可可浆块、可可脂和可可粉，又在可可浆块和可可脂中加糖制成直接食用的固态甜巧克力，从此开始了巧克力生产的新天地，并迅速在西欧国家传开。

19世纪后期瑞士巧克力生产厂家在甜巧克力中添加了牛奶，首先生产了牛奶巧克力。世界上对巧克力最感兴趣的也是瑞士人，他们不但喜欢吃巧克力，而且十分重视巧克力的生产和技术。

自19世纪以来，瑞士的巧克力消耗和生产在世界上一直占领先地位。巧克力及巧克力制品的花色品种从而不断增加遍及欧洲许多国家。

巧克力生产技术经历了漫长的发展和演变以后，已成为现代食品工业领域中的一个独特门类。巧克力的生产技术也由开始的小型手工业作坊，逐步发展到大规模的机械化连续生产，有的已经采用电子计算机控制的先进的生产方式。

我国的巧克力工业是在近代发展起来的，最初产生于20世纪20年代至20世纪30年代的上海。解放后巧克力生产才在全国各地逐步推广和发展，现在许多地区都有规模不同的巧克力生产企业，随着我国经济不断发展，今后我国巧克力生产必然会有更大的发展空间。

巧克力趣闻

巧克力发展趋势 〉

巧克力虽在不断发展，但都是天然的可可豆制品，由于可可豆受到天然气候条件的严格限制，产量远远满足不了巧克力生产发展需要，因此出现了代替可可脂，生产巧克力的油脂，这些油脂有的从其他植物中提取与可可脂性质相似，称为类可可脂，也有从其他植物油中经氢化、结晶、分离提取，称代可可脂。为了区分这些代用油脂生产的巧克力，有些国家和地区制订一些共同竞争的规约，如欧盟、英国、爱尔兰、丹麦在巧克力中对代用类脂规定应低于5%，超过限量的不直接称作"巧克力"，以避免混淆。日本为了与天然可可脂巧克力区别，将代脂巧克力称为"准巧克力"。尽管如此，代脂巧克力不可避免地已在世界各地发展开来，成为一股新的潮流。

巧克力的生产发展在发达国家中已经趋向饱和状态，如西欧、北美、澳大利亚、新西兰和日本生产增长缓慢，而发展中国家处于新兴状态，如东欧、拉美、亚洲、非洲和中东的生产增长幅度较快。世界糖果巧克力的总销售量：20世纪末约为1200万吨，其中巧克力占43%，约为516万吨。我国目前糖果巧克力产量约在140多万吨，而巧克力仅占10%左右，产量在14万吨左右，可见我国巧克力市场有很大的发展空间。

世界发达地区对巧克力的品种追求，向新技术、新物料和新包装应用相结合，造就高价值而精美的品质方向发展，而发展中国家新兴市场随着购买力的不断提高，人口增长和中间消费的增加，巧克力生产将不断上升。但随着世界人们健康意识的不断提高，要求低糖、低热量、营养更加丰富的巧克力日益增多，从传统的嗜好性到对功能性的需求，形成了巧克力生产的两个主流。

近几年来许多医学研究证实，可可豆中富含的类黄酮多酚类化合物具有抗氧化作用，能保护体内抵抗氧自由基物质，防止心血管疾病，提高免疫功能等功效。牛奶巧克力含有7%—15%可可液块，而黑巧克力含有30%—70%可可浆块，都富含可可浆质，可见巧克力是一种健康的功能性食品，这已引起生产者和消费者的关注。日本生产厂家生产了一种多酚巧克力，声称多酚含量比一般巧克力高2.5倍，比一杯红酒多20倍，以此来强化宣传增强市场活力，也有在巧克力中添加法国红酒提取物使巧克力拥有两种不同的多酚类化合物，在酸奶巧克力中添加活性乳酸菌，使巧克力既有抗氧化作用又有整肠作用。总之，功能性巧克力正如初升的太阳充满活力，不断向前推进。

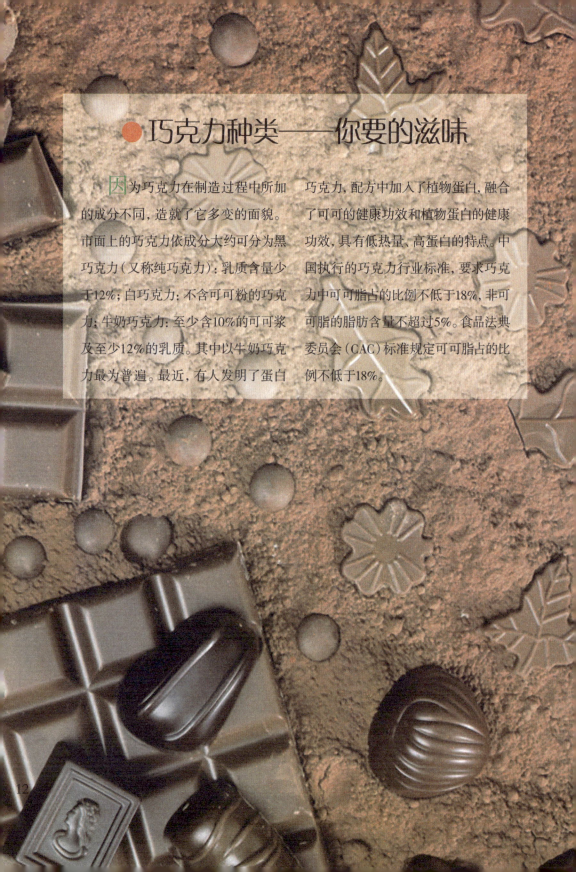

巧克力种类——你要的滋味

因为巧克力在制造过程中所加的成分不同，造就了它多变的面貌。市面上的巧克力依成分大约可分为黑巧克力（又称纯巧克力）：乳质含量少于12%；白巧克力：不含可可粉的巧克力；牛奶巧克力：至少含10%的可可浆及至少12%的乳质。其中以牛奶巧克力最为普遍。最近，有人发明了蛋白巧克力，配方中加入了植物蛋白，融合了可可的健康功效和植物蛋白的健康功效，具有低热量、高蛋白的特点。中国执行的巧克力行业标准，要求巧克力中可可脂占的比例不低于18%，非可可脂的脂肪含量不超过5%。食品法典委员会（CAC）标准规定可可脂占的比例不低于18%。

初次品尝深色巧克力的人，往往不能适应它那浓重的苦味和收敛性的涩味，然而正是这些滋味构成了深色巧克力的风味。

纯巧克力以可可脂为基本组成，可可的天然香气是构成不同巧克力的主题。经过干燥和发酵的可可豆，一般不产生这种香味，只有经过焙炒之后，浓郁而独特的香味才会出现。巧克力的风味很大程度上取决于可可自身带来的滋味。可可的滋味来自两个方面，即可可质和可可脂。可可质中的可可碱和咖啡碱带来令人愉快的苦味；可可质中的单宁质带来略有收敛性的涩味；可可质中还有少量的有机酸，可醋酸和酒石酸也影响口味。可可脂则提供香气，还能产生肥腴的味感。巧克力中另一大组分是糖，糖是甜味的基础，同时像食物中的盐一样能调节口味，但如果糖过量则会太甜，影响巧克力的风味。很多人会认为质量好的巧克力，其可可的含量要高，而糖含量要低。其实也不尽然，可可的含量高于85%，巧克力

的口味也不好。可可含量的最佳范围是55%—75%，至于甜度则依个人口味而不同。另外，影响巧克力的另一重要因素是可可的质量。有的厂家为了获得较大的经济利益，则会使用一些便宜的劣质可可，或加入代可可脂和坚果脂来降低成本，但产品的口味也是不纯正的。

巧克力的香味和色泽也影响着它的口味。除了可可脂中带来的天然香气外，一般还加入一些能产生香气的原料，如香草、乳粉、乳脂、麦芽、杏仁等来补充和丰富巧克力的香气。若所加入的香料多为天然的，则香味是淡而宜人。但是，现在仅有最好的公司还使用一部分天然香料。另外，这些增香原料的加入也会影响巧克力的颜色，也就带来不同的风味，深棕色的巧克力不仅看起来色调柔和、明快，也缺少强烈的苦涩味，但仍保留了可可特有的那种优美滋味。此外，还可感觉到牛乳特有的香味，这两者浑然一体，就产生极为和谐的味觉效果。

黑巧克力 ＞

　　黑巧克力则是喜欢品尝"原味巧克力"人群的最爱。因为牛奶成分少，通常糖类也较低。可可的香味没有被其他味道掩盖，在口中融化之后，可可的芳香会在齿间四溢许久。甚至有些人认为，吃黑巧克力才是吃真正的巧克力。通常，高档巧克力都是黑巧克力，具有纯可可的味道。因为可可本身并不具甜味，甚至有些苦，因此黑色巧克力不太受大众欢迎。食用黑巧克力而不是牛奶巧克力，可以提高机体的抗氧化剂水平，从而有利于预防心血管疾病、糖尿病、低血糖的发生。

• 黑巧克力成分

　　制造黑巧克力的主要材料有两种：可可豆和糖。可能是由于优质巧克力制造商的大肆渲染，现在流行以巧克力中的可可含量来评价巧克力，好像它是影响巧克力成品品质的唯一因素。然而事实上，高含量的可可完全有可能生产出低品质的巧克力。大部分可可含量在85％以上的巧克力味道都不好，最佳的可可含量大约在55％—75％之间。最关键的是可可豆的质量。也许最能体现技巧的是，在一定量的多种混合可可豆中加入多少份额的糖。经济因素的考虑也很可能影响到这一比例，因为糖比可可豆便宜10倍，比可可脂便宜20倍以上。

同咖啡一样，可可豆的种类主要有两种。

薄壳的克里奥罗可可豆相当于咖啡豆中的阿拉比卡咖啡豆，它代表了产地比较稀少、质地不太坚硬、风味不太浓郁的一类可可豆。这种可可豆生长在委内瑞拉、加勒比海、印度洋和印度尼西亚。这种小树结着中等大小带深槽的豆荚，随着成熟，槽逐渐消失，变成细点。

厚壳的佛拉斯特罗可可豆与咖啡豆中的罗拔斯塔咖啡豆同类，在非洲和巴西大量种植。同样，它也很结实，风味不足，需要剧烈的焙炒来弥补不足。也正是这种高强度的焙炒使大部分黑巧克力带着一种焦香味。最好的制造商也在他们的产品中混合了一些佛拉斯特罗可可豆，因为它们能赋予巧克力优良的质地和延伸性。但只有克里奥罗可可豆才能提供优质巧克力的酸度、平衡度和复杂度。

一般来说，如果黑巧克力中的可可固形物含量在50％以下，那么它们的品质不会太好。因为这样的产品要么太甜，要么太油腻，而且要用其他可可脂风味增强剂来替代一部分可可脂含量。为什么要替代可可脂？一些大规模制造商有各种理由，比如延长货价期，提高巧克力的融点。但其中一个理由毫无疑问是出于经济的考虑。因为可可脂被化妆品工业评价为一种独特的脂肪，它的熔点正好在人体血液温度以下，是唇膏和其他一些护肤面霜的最

• 鉴定标准

纯巧克力，主要由可可脂、少量糖组成，硬度较大，可可脂含量较高，微苦。优质黑巧克力的鉴定标准：

1. 可可含量：如果你购买的是进口巧克力，可以留意一下食品标签上注明的××% minimum cocoa，就是指的可可含量××%，可可含量是评价巧克力好坏的一个标准。欧盟及美国FDA（美国食品及药品管理局）就规定黑巧克力的可可含量不应低于35%，而最佳的可可含量约

好的基料。正是可可脂的这个特性，使它入口即化，赋予巧克力独特的口感。这是其他成分无法完全替代的。如果你品尝一些廉价的巧克力，很可能会有吃多了感到厌烦、太厚太油腻的感觉，这可能是使用棕榈油、坚果油或其他一些可可脂替代物造成的。可可脂的晶体结构也赋予巧克力与众不同的遇热软化、遇冷硬脆的质地特性，以及它光亮的外观。

可可的固形物含量在50%以下的黑巧克力不可避免会变得太甜。米歇尔·肖顿，巴黎的巧克力商人，指出糖对于巧克力就像盐对于其他食物一样，少量的能增加风味，过多反而会破坏风味。不知不觉中，蔗糖已经成为食品加工业的一个部分。糖的营养价值很少，也并不是用来作为甜味剂，在一些食品中，它往往是用来提高总体的口感。

在 55%—75% 之间，可可含量在 75%—85% 属于特苦型巧克力，这是使巧克力可口的上限。可可含量高于 85% 的，只有那些狂热的巧克力迷才会喜欢，再就是在烹饪时会用到。

同时，黑巧克力中富含对人体健康大有裨益的天然抗氧化成分，其抗氧化成分的含量与可可含量成正比，可可含量越高，其抗氧化成分的含量也越高。美国耶鲁·格里芬预防研究中心发布的一项研究表明，黑巧克力对降低血压、改善血管功能、促

进血管扩张等都有积极的影响。另外，可可含量高的黑巧克力还有助于肌肤抵御氧化侵害、延缓皱纹的产生、预防并改善皮肤色素沉积，还能保护皮肤细胞，为肌肤提供营养呢！

2.可可豆的质素：这是决定黑巧克力好坏的关键因素，可可豆的种类主要有克里奥罗、特立尼达和佛拉斯特罗 3 种，前两者被视作可可中的珍品，优质的巧克力都是用这两种可可豆做成的，有的甚至只用克里奥罗，当然有的也会加一些佛拉斯特罗可可豆以得到特殊的风味和口感。普通的巧克力都是用佛拉斯特罗可可豆做成的。可可粉和可可脂是由可可豆处理而成的两种材料。可可粉做成的巧克力，吃了容易肥胖，且味道不是很好。可可脂做成的巧克力，不仅味道好，而且有防止血管硬化的功能，所以用可可脂做成的巧克力最受饕客喜爱！

> ### 法式黑巧克力之父

苏比士·黛堡是法国最古老、最著名的皇室巧克力品牌黛堡嘉莱的创始人，也是"法式黑巧克力之父"。

黛堡（Sulpice Debauve）出生于启蒙运动时期，1800 年在法国开设了他的第一家巧克力商店，早在 1609 年，黛堡的前辈们就在西班牙的一个名为 Bayonne 的小镇建立了作坊。原系为法国皇室御用药剂师的黛堡得到路易十六世的批准研制成了"健康巧克力"（可可含量高达 99% 的巧克力），随后他又得到同是药剂师的外甥兼助手嘉莱的鼎力支持，他们把一生都奉献给了可可事业，从而缔造了举世闻名的黛堡嘉莱品牌。

博学多才的嘉莱于 1827 年发表了《论可可》（Du Cacao），一本关于可可的著作，其中记载了巧克力成为食品的起源，以及古老民族使用巧克力的方式，更详细地研究了各产地可可果的品种与质量以及巧克力的功效，此书充分展示的不仅是嘉莱非凡的才智还有他对于巧克力事业的无限热爱之情。

白巧克力 〉

　　白巧克力指不含可可粉的巧克力，白巧克力成分与牛奶巧克力基本相同，只是不含可可粉，乳制品和糖粉的含量相对较大，甜度高。白巧克力是由可可脂、糖、牛奶和香料（香草香料）制成的。要注意的是，可可脂是高度饱和脂肪，也就是说，白巧克力的脂肪含量非常高。

彩色巧克力 〉

　　彩色巧克力是以白巧克力为基料，添加食用色素（天然色素或者人工合成色素），经配料、精磨、调温、浇模成形等一系列工序加工而成，在膨化食品巧克力涂层、冷饮巧克力涂层、花色巧克力等方面有广泛应用。

牛奶巧克力 〉

　　纯白的巧克力是牛奶巧克力，口感非常好，深受人们欢迎；长期以来，牛奶巧克力以它的口感均衡而受到消费者的喜爱，也是世界上消费量最大的一类巧克力产品。最早的牛奶巧克力配方是由瑞士人发明的。比利时和英国也是牛奶巧克力的主要生产国。他们往往采用混合奶粉工艺，具有一种类似干酪的风味。相对于纯黑巧克力，牛奶巧克力的味道更清淡、更甜蜜，也不再有油腻的口感。好的牛奶巧克力产品，应该是可可与牛奶之间的香味达到一个完美的平衡，类似于两个恋人之间既依恋又独立的微妙关系。

　　生产低密度牛奶巧克力组合物的方法：充以惰性气体；牛奶巧克力组合物包含可可、乳品、食用碳水化合物和甜味剂的混合物，该产品实质上不含蔗糖，并具有传统牛奶巧克力的滋味和口感。

　　吃牛奶巧克力有助于增强脑功能，尤其是帮助大脑集中注意力。牛奶巧克力中含有很多可以起到刺激作用的物质，例如可可碱、苯乙基以及咖啡因等，这些物质可以增强大脑的活力，让人变得更机敏，增强注意力。

单源巧克力 >

　　完全没有牛奶及其他成分。可可来源单一的巧克力，指仅使用特定地区或者国家出产的可可豆生产的巧克力。它的英文原文是"Single origin"

23

蛋白巧克力 >

蛋白巧克力是以可可制品、植物蛋白等为原料,经混合、乳化等工序制成的,既具有可可的营养价值又具有植物蛋白的营养价值,热量低,蛋白质含量高,可为各类消费者带来更多的益处。

夹心巧克力 >

这种巧克力是比较受欢迎的一种。夹心料主要有4种:1.水溶性半流体夹心:以方登基料为主的夹心,通常用葡萄浆作稀释剂。2.油溶性半流体夹心:通常以榛仁酱、花生酱、杏仁酱为主要夹心,专用软性油脂配成。3.液体夹心:有酒香型和果汁香型两种,保质期相对较短,价格也不菲。4.固体夹心:种类较多,如各类果仁、软硬糖块或小饼干、小糕点外涂巧克力等。

这么多形式的巧克力,分别有不同喜欢的族群。在巧克力最大消费市场的

欧洲，以不含任何东西的实心巧克力最受人青睐。但在东方社会混有果仁的巧克力较受欢迎，尤其是花生及饼干口味，也许是追求口感的不同，东方人较喜欢多变化的口感。美国则是各占一半。

巧克力的等级高低，在入口的那一瞬间就知道。好的巧克力除了闻起来芳香甘美之外，入口也细致迷人。咬时会有清脆的响声，随即在口齿间轻巧地融化。口感细滑，且可可的芳香在齿间流动，但不会有残渣留下。

品尝巧克力时，可千万不要只是大口大口地咬下、或含一含就吞下。为了让大家有不同的口感，巧克力添加的内容物可是大有玄机的，细细品味你会发现另一个好玩的世界。marys单颗巧克力有一种樱桃口味，其中含有整颗樱桃（连梗都未除去），吃起来的口感就是樱桃外裹了一层巧克力酱，水果风味和巧克力风情综合在一起。还有一些内容物较多的巧克力产品，诉求就是多样化口感：第一段碎果粒有嚼劲；第二段饼干是酥脆；第三段巧克力酱则是甜蜜；第四段整颗榛果香脆可口。瑞士三角巧克力也有三段口感：第一段咬下清脆；第二段让巧克力融化、香味溢出；剩下的果粒及焦糖让你有咀嚼的乐趣。含有乳或软胶糖的棒状巧克力，则是综合了巧克力、果仁及牛焦糖的柔软。

● 巧克力特性——独一无二

巧克力是由可可制品（可可液块、可可粉、可可脂）、白砂糖、乳制品和食品添加剂等为基本原料，经混合、精磨、精炼、调温、浇模成形等科学加工而成的，具有独特的色香味，质感细腻润滑，高热值的固态食品。

热敏感性 〉

巧克力的分散体系是以油脂作为分散介质的，所有固体成分分散在油脂之间，油脂的连续性成为体质的骨架，巧克力的油脂主要为可可脂，含量在30%以上，可可脂的熔点在35℃左右，因此，巧克力在温度达到30℃以上渐渐软化，超过35℃以上渐渐融化成浆体，特别是才制成的巧克力晶体结构还没有稳定时，极其容易受热融化。

巧克力的结构随着存放时间延长，热敏感性会发生变化，除了可可脂转变成最稳定的晶型外，引入少量水分可以使可可脂的正常表面分散润滑作用被分裂开来，因此有些抗热巧克力采取加入少量还原性糖作为吸湿剂，使其吸收少量湿气通过可可脂晶格之间的空隙，促使白砂糖晶体之间连接起来，形成微弱的糖体网络，就会加速变成不易变形的耐热性能；还有些报道在巧克力配方中加入少量还原性糖成形后将其密封包装起来，存放一定时间也可以渐渐产生抗热性能。因此，一般巧克力本身也存在有还原性糖，如乳糖和含水量随着存放时间延长，也会渐渐形成受热不易融化的抗热性织构变化，存放时间越长，越有抗热性能。

28

光泽度 ❯

巧克力的光泽度是指产品表面的光亮程度。巧克力的光泽是可可脂形成细小的稳定晶体带来的光学特性。巧克力中白砂糖晶体因分散而变得异常细小，细小晶体混合物产生光的散射现象，反映为巧克力的光泽。

巧克力的光泽度，极易受环境温度和湿度的影响，当温度由25℃逐步上升到30℃以上时，表面的光泽开始暗淡并消失，或相对湿度相当高时，巧克力表面的光泽也会暗淡并消失。这是因为脂肪和白砂糖的晶体受热和湿气的影响，致使结晶体的消变而失去光学散射特性。因此要注意生产和贮存环境的温湿度变化，才能保持巧克力的光泽度。

常见的质量变化 ❯

• 发花发白

在生产制造上不适宜的操作或不相容的油脂混合，以及不良的保存条件，巧克力表面有时会出现不同程度的发花发白现象。这种现象除了工艺操作以外，主要受到温湿度的影响；当巧克力长时间处在25℃以上，熔点低的油脂熔化并渗出到巧克力表面，当温度下降时，油脂重新结晶形成花白。同样相对湿度相当高时，巧克力表面湿气增加使白砂糖晶体溶化，当相对湿度降低时，溶化的白砂糖又开始重新结晶形成糖的花斑。这两种现象实际上以油脂结晶形成的花白为多。

29

• 出虫和蛀蚀

巧克力特别是含有果仁和谷物类的巧克力，在湿热的季节里和不良的环境中，会诱发虫害和蛀蚀。巧克力出虫和蛀蚀是由于工艺制造上的不严密，生产和储存条件不符合卫生要求而引起的。为了防止巧克力出虫和蛀蚀。在生产上应加强全面管理，特别要做好原料、半成品和成品的质量把关和验收工作，注意生产和储存中的卫生条件。

此外，巧克力还具有易吸收其他物品气味的特性，因此巧克力不宜与有气味的物品混放在一起储存。

• 渗油

巧克力是一种分散非常均匀的组织结构，一般保存良好的不会渗油，但过高的储存温度，或不适宜的储存环境，都会引起巧克力油脂融化渗到表面的现象，时间长了甚至会渗透到包装纸外面，往往影响巧克力品质，在味觉上还有不同程度的陈宿味，甚至哈喇味。

储存方法 〉

根据巧克力特性，它的熔点在36℃左右，是一种热敏性强、不易保存的食品。巧克力要求最佳储存条件温度在15—18℃，不超过20℃，相对湿度60%—65%以下，才能保证巧克力品质稳定。储存不当会发生软化变形、表面斑白、内部翻砂、串味或香气减少等现象。

巧克力是非常脆弱、娇贵的产品，储存条件很讲究，除了避免阳光照射、发霉外，储存的地方不应有怪味，最重要的是温湿度的控制。

打开包装后或没有用完的巧克力必须再次以保鲜膜密封，置于阴凉、干燥及通风之处，且温度恒定为佳。巧克力酱或馅料必须放入保鲜柜中储存。巧克力若置于温度过高之处，表面会出现大片条纹或斑点。若置于湿冷的环境下，可能会出现灰白色的薄膜，这些变化对巧克力的香气和质地不会有太大影响，仍可用于料理和烘焙。

保存得宜的话，纯巧克力及苦甜巧克力可以放上一年以上，牛奶巧克力及白巧克力不宜存放超过6个月。白巧克力存放过久，也许口味无异，但会比较不容易融化。

总的来说随着内容物的不同，巧克力保质的时间会有所增减。尤其是添加鲜奶（或牛奶成分较高）、榛果类的巧克力产品，因为牛奶及榛果的保存期限不长，相对缩短了巧克力的保存期间，购买时不但要注意制造日期，回家保存时也要记得越快吃完越好。如果你有一个很凉快的房间的话，巧克力是不需要存放在冰箱中的。巧克力虽然不一定保存在冰箱中，但必须保存在一种可以阻止霉菌生长的密封容器中，在通常情况下，应该拿到室温环境后再打开包装。

巧克力趣闻

> **巧克力的误会**

误解之一：吃巧克力会长胖

事实：这是关于巧克力最不科学的误解。每个人都应该知道，每天身体消耗的卡路里比摄入的卡路里少，使会一天大地长胖。每1.4盎司（约40克）的牛奶巧克力可提供210卡路里，由巧克力成分之糖分和可可脂产生，仅占人体每天所需2000卡路里的十分之一，即每天享用40克左右的巧克力是不足为奇的。更何况，现代科技已能够生产"健美巧克力"（即无糖巧克力）。这种健美巧克力是糖尿病患者以及减肥人士的福音，因为它不会构成摄入糖分的危险，同时又保留了巧克力的原始美味。

营养专家敬告：人体每天需要摄入一定量的脂肪和糖分来维持身体各部位的正常功能，特别是提供能量，帮助身体吸收重要的营养素和维持脑部功能正常运作。

举例：吃巧克力和吃饭一个道理，吃饭八分饱刚好，饭要好吃的话，你吃十五分饱。想象一下会是什么效果。总之巧克力少吃有助于减肥，多吃会发胖。

误解之二：巧克力是没有营养的糖类食品

事实：巧克力其实是极具营养价值的糖类食品，巧克力能提供相当数量人类身体每天所需的营养品。仅1.4盎司（约40克）的牛奶巧克力就含有3克蛋白质，人体每天所需的15%维生

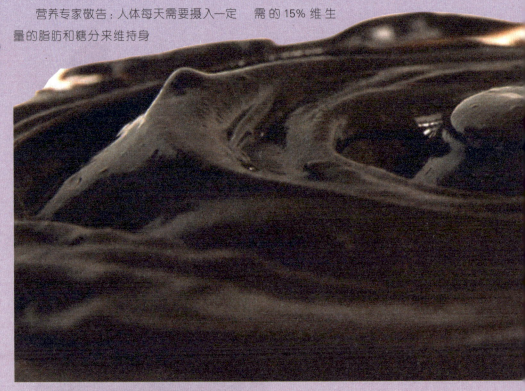

素 B_2、9% 钙、7% 铁、9% 磷、6% 镁和 8% 铜，更含有比普通牛奶成分更高的锌、钾、抗癫皮病维生素。如果您的子女特别爱吃糖果，巧克力将是非常明智的选择，因为它绝对较其他糖类食品更具有营养价值，又能满足儿童馋嘴的要求。

误解之三：吃巧克力会引起蛀牙

事实：任何食品中的糖分要是在口中停留的时间久了，都会有引起各种牙齿疾病的危险，巧克力也不例外。但巧克力含有一种抵抗糖分中容易破坏牙床引起腐牙的酸性物质的天然成分。而巧克力的可可脂所含的蛋白质、钙、磷酸盐及其他矿物质对牙床有明显的保护作用，能减慢牙斑的形成。再者，巧克力的糖分比任何其他食品中的糖分在口中要溶得快，所以食用巧克力对形成蛀牙的影响比食用任何其他糖类食品要相对少得多。

误解之四：吃巧克力导致粉刺

事实：吃巧克力既不会引起也不会加重粉刺，粉刺最初不是由任何饮食引起的。

误解之五：巧克力含有大量咖啡因而导致"上瘾"

事实：1.4 盎司（约 40 克）牛奶巧克力仅含有相当于 6 毫克的咖啡因，仅占一杯普通咖啡含量 1/20。所以，巧克力中咖啡因的问题早已不是研究的问题对象。如果说人们吃巧克力"吃上瘾"，那绝对只是巧克力本身特殊的天然美味以及加入其中千变万化的内涵使然。

●巧克力原料——可可的故事

可可 >

可可（cacao，亦作cocoa）世界三大饮料植物之一，原产美洲热带，可做饮料和巧克力糖.营养丰富，味醇且香。梧桐科乔木，学名为Theobroma cacao。其果实经发酵及烘焙后可制可可粉及巧克力。

早在哥伦布抵美前，热带中美洲居民阿兹特克人已知可可豆用途，不但将可可豆做成饮料，更用以作为交易媒介。16世纪可可豆传入欧洲，精制成可可粉及巧克力；更提炼出可可脂。可可树遍布热带潮湿的低地，常见于高树的树荫处。树干坚实，高可至12米，其椭圆形呈皮革状之叶长至30厘米，伸展如伞盖。花粉红色，小而有臭味，直接着生在枝干上。蓇葖果长35厘米，直径12厘米，呈卵形，表面有10条脊，黄棕色至紫色，可可果含种子（可可豆）20—40粒。豆长约2.5厘米，包于粉红色有黏性的果肉中。可可树栽培4年后，每年每株产豆荚60—70枚。采收后，将可可豆从豆荚中取出，发酵若干天，经一系列之加工程序，包括干燥、除尘、烘焙及研磨，乃成为浆状，称巧克力浆；再予压榨出可可脂和可可粉，或另加可可脂及其他配料，制成各种巧克力。

分布状况 >

可可原产于南美洲亚马逊河上游的热带雨林,主要分布在赤道南北纬10°以内较狭窄地带。主产国为加纳、巴西、尼日利亚、科特迪瓦、厄瓜多尔、多米尼加和马来西亚。主要消费国是美国、德国、俄罗斯、英国、法国、日本和中国。1922年,我国台湾省引种试种成功,中国大陆现主要种植地在海南。

成分 >

可可豆(生豆)含水分5.58%,脂肪50.29%、含氮物质14.19%、可可碱1.55%、其他非氮物质13.91%、淀粉8.77%、粗纤维4.93%,其灰分中含有磷酸40.4%、钾31.28%、氧化镁16.22%。可可豆中还含有咖啡因等神经中枢兴奋物质以及单宁,单宁与巧克力的色、香、味有很大关系。其中可可碱,咖啡因会刺激大脑皮

质，消除睡意、增强触觉与思考力、调整心脏机能，又有扩张肾脏血管、利尿等作用。

可可是一种以可可树种子为原料制成的粉末状饮料。可可粉在热水中不易分散，易沉淀，可先用少量热水搅和，使粉膨润，加入砂糖、乳制品等加热即成可可饮料。为提高可可粉的溶解性能，可适当添加表面活性剂，或采用附聚工艺使其迅速溶化。可可与茶、咖啡同属含生物碱饮料，其特是含有较多脂肪，热值较高，对神经系统、肾脏、心脏等有益。

可可粉为棕红色，带有可可特殊香味，水分含量低于5%，细度为99.5%（通过200目筛）。可可粉除含脂肪、蛋白质及碳水化合物等多种营养成分外，还有可可碱、维生素A、维生素B_1、维生素B_2、尼克酸、磷、铁、钙等。可可碱对人体具有温和的刺激、兴奋作用。

按所含脂肪量，可可粉主要分成高脂肪可可粉（脂肪含量约22%—24%）、中脂肪可可粉（脂肪含量约10%—22%）和低脂肪可可粉（脂肪含量10%以下）3种。高脂肪可可粉又可称作早餐可可粉。此外还有一种脂肪含量更低(0.1%—0.5%)的脱脂可可粉。在可可粉中加入砂糖称为含糖可可粉。

种植及采摘 〉

可可是可可树的产物。可可树是一种热带植物，只在炎热的气候下成长。这样，它的种植就被限定在赤道南北纬10°间的陆地上。假定有肥沃的土壤条件和精心的耕作，一旦成活，可可树就可以在充足的阳光下成长。可可种植园（人工种植下的可可树）通常位于谷地或沿海平原，必须有均匀分布的降雨量和肥沃、排水通畅的土地。

• 第一批果实

经过修剪和精心培植，大多数种类的可可树会在第五年开始结果。如果予以最好的护理，一些树种甚至在第三和第四年就有好的收成。

可可树是常绿树种，它硕大光滑的叶子在幼年时是红色的，成熟之后则变成绿色。在成熟期，人工种植可可树有 15 到 25 英尺高，但野生可可树高度可达 60 英尺以上。可可树的预计寿命仍在猜测中。一般认为 25 年后，一棵可可树的经济作用就可能被认为到了终点，这时就适于重新种植年轻的可可树来取代它。可可树全年都结果（或豆荚），而收获却通常是季节性的。可可树自由交叉授粉，豆荚形成各种种类，其中包括拉美种、外来种。

• 收获可可豆

采摘成熟可可豆荚的工作绝非易事。可可树很脆弱而且根基很浅，工人不能冒险爬上去摘高处枝上的豆荚。

种植者为到地里干活的采摘工人配备了长把、手形钢刀。钢刀是为了够到并剪下最高的豆荚而不伤可可树的软树皮。随身携带的大弯刀则被用来采摘长在低枝干上的够得着的豆荚。

• 采摘之后

收集者会同采摘者一同工作，将豆荚收集到篮中并运到田地的边上。在那里将豆荚破碎。如果方法得当，只要挥舞一两下大弯刀就可以劈开豆荚的木质外壳。一个训练有素的破碎者每小时能够劈开500个豆荚。

完成收获需要耐心。通常从一个标准豆荚里都要挖出20到50粒乳白色的可可豆，然后丢弃豆荚的外壳和内膜。一个普通豆荚中经过干燥的可可豆不到58克重，确切地说制造1磅巧克力需用400粒可可豆。

可可豆与我们所熟悉的最终产品还是有很大差别。乳白色的可可豆暴露在空气中，很快就变成了淡紫色或紫色。此时，它们看上去并不像制成的巧克力，闻上去也没有熟悉的巧克力芳香。

• 装运作物

从豆荚中取出的可可豆或种子被装进盒子或堆积起来包装。包裹着可可豆的是一层开始升温和发酵的果肉。发酵持续3到9天，去除了可可的苦味，并产生出具有巧克力特点的原料。

发酵是可可豆中所含糖分转化为酸——主要是乳酸和醋酸的简单过程。

发酵过程导致可可豆温度达到50℃，杀死了其中的细菌，并激活了存在着的酵素，形成当烘烤可可豆时产生巧克力味道的混合物。最后的结果是生成了深棕色的经过充分发酵的可可豆，这种颜色表明可可豆现在准备进入干燥过程了。

像所有饱含水分的水果一样，如果要保存可可豆的话，就必须将它们干燥。在有些国家，干燥工序十分简单：只是把可可豆铺在盘上或竹垫上，然后将它们放在阳光下晒烤。当潮湿的天气干扰了这种干燥法时，人工方法才得以应用。例如，可可豆可能被带进室内，在热气管下干燥。

如果有良好的天气，干燥过程通常需要几天。在这个间隙，农人经常翻动可可豆。他们利用这一机会挑选外运的可可豆，并将扁平、破碎或发芽的可可豆拣出来。在干燥中，可可豆会失去几乎所有的水分和超过一半的重量。

可可豆干燥后，就准备以每袋130到200磅装运了。它们很少被存入仓库，除非要等待买主检查的装运中心。

• 特色品种

1.克里奥罗,可可中的佳品,香味独特,但产量稀少,相当于咖啡豆中的阿拉比卡咖啡豆;主要生长在委内瑞拉、加勒比海、马达加斯加、爪哇等地。

2.佛拉斯特罗,产量最高,约占全球产量的80%,气味辛辣,苦且酸,相当于咖啡豆中的罗拔斯塔,主要用于生产普通的大众化巧克力;西非所产的可可豆就属于此种,在马来西亚、印尼、巴西等地也有大量种植。这种豆子需要剧烈的焙炒来弥补风味的不足,正是这个原因使大部分黑巧克力带有一种焦香味。

3.崔尼塔利奥,上述两种的杂交品种,因开发于特立尼达岛而得名,结合了前两种可可豆的优势,产量约占15%,产地分布同克里奥罗,与克里奥罗一样被视为可可中的珍品,用于生产优质巧克力,因为只有这两种豆子才能提供优质巧克力的酸度、平衡度和复杂度。

非洲可可豆约占世界可可豆总产量的65%,大部分被美国以期货的形式买断,但是非洲可可豆绝大部分是佛拉斯特罗,只能用于生产普通大众化的巧克力;而欧洲的优质巧克力生产商,会选用优质可可种植园里面所产的最好的豆子,有的甚至还有自己的农场。

可可的历史

可可从南美洲外传到欧洲、亚洲和非洲的过程是曲折而漫长的。16世纪前可可还没有被生活在亚马逊平原以外的人所知，那时它还不是可可饮料的原料。因为种子十分稀少珍贵，所以当地人把可可的种子（可可豆）作为货币使用，名叫"可可呼脱力"。16世纪上半叶，可可通过中美地峡传到墨西哥，接着又传入印加帝国在今巴西南部的领土，很快为当地人所喜爱。他们采集野生的可可，把种仁捣碎，加工成一种名为"巧克脱里"（意为"苦水"）的饮料。16世纪中叶，欧洲人来到美洲，发现了可可并认识到这是一种宝贵的经济作物，他们在"巧克脱里"的基础上研发了可可饮料和巧克力。16世纪末，世界上第一家巧克力工厂由当时的西班牙政府建立起来，可是一开始一些贵族并不愿意接受可可作成的食物和饮料，甚至到18世纪，英国的一位贵族还把可可看作"从南美洲来的痘子"。可可定名很晚，直到18世纪瑞典的博物学家林奈为它命名"可可树"。后来，由于巧克力和可可粉在运动场上成为最重要的能量补充剂，发挥了巨大的作用，人们便把可可树誉为"神粮树"，把可可饮料誉为"众神的饮料"。

43

● 巧克力能量——营养与健康

从营养角度看，巧克力是一种高热量食品。其碳水化合物含量约50%，脂肪约30%，蛋白质15%左右。另外，还富含维生素B₂、锌、镁、铁、钙和一些微量元素。巧克力被消化、吸收、利用的速度很快，是鸡蛋的5倍，脂肪的3倍。

营养价值 >

1.巧克力能缓解情绪低落,使人兴奋,缓解压力。

2.巧克力对于集中注意力、加强记忆力和提高智力都有作用,有些司机把巧克力作为提高驾驶能力的精神振奋剂,考试的学子也可用来健脑。

3.吃巧克力有利于控制胆固醇的含量,保持毛细血管的弹性,具有防治心血管循环疾病的作用。

4.巧克力中含有的儿茶酸与茶中的含量一样多,儿茶酸能增强免疫力,预防癌症,干扰肿瘤的供血。

5.巧克力是抗氧化食品,对延缓衰老有一定功效。

6.巧克力含有丰富的碳水化合物、脂肪、蛋白质和各类矿物质,人体对其吸收消化的速度很快,因而它被专家们称之为"助产大力士",产妇在临产前如果适当吃些巧克力,可以得到足够的力量促使子宫口尽快开大,顺利分娩,对母婴都是十分有益的。

7. 止痛: 巧克力也有止痛的作用, 尤

QIAOKELIQUWEN

其是对女孩子。

8.缓解腹泻：黑巧克力的可可含量从50%—90%不等，可可富含一种叫类黄酮的多酚成分，能抑制肠道内蛋白质、氯离子以及水分的吸收，从而达到减少水分流失、防止人因腹泻而脱水的功效。

9.预防感冒：英国伦敦大学的研究显示，巧克力的香甜气味能够降低患感冒的几率。巧克力所含的可可碱有益神经系统健康，止咳功效胜于普通的感冒药。

10.平稳血糖：意大利一项研究发现，健康人吃黑巧克力连续15天，每天100克，对胰岛素的敏感性有所增强。医生们估计，黑巧克力对糖尿病患者可能有一定的帮助。另一项研究还发现，黑巧克力中的黄烷醇能起到平稳血糖的作用。

禁忌人群 〉

　　一般人群均可食用，但是8岁以下儿童不宜吃巧克力，巧克力中含有使神经系统兴奋的物质，会使儿童不易入睡和哭闹不安，严重的话会导致鼻子流血。

　　糖尿病患者应少吃或不吃巧克力（但可吃无糖巧克力）。

　　有心口痛的人要忌食巧克力，特别是吃了巧克力后心口感到灼热的要停止食用。这是因为巧克力含有一种能刺激胃酸的物质。

　　产妇在产后需要给新生儿喂奶，如果过多食用巧克力，对婴儿的发育会产生不良的影响。巧克力所含的可可碱，会渗入母乳内被婴儿吸收，并在婴儿体内蓄积。可可碱会损伤神经系统和心脏，并使肌肉松弛，排尿量增加，使婴儿消化不良，睡眠不稳，哭闹不停。

　　对于狗而言，巧克力中一种叫作可可碱的化学物质是问题根源所在。可可碱类似于咖啡因。当可可碱的摄入量达到每千克体重100至150毫克时，它对狗就是有毒的。

　　不同种类的巧克力中的可可

碱含量不尽相同：杀死一只9千克斤重的狗需要570克牛奶巧克力，但是用黑巧克力只需57克，用半甜巧克力则需要170克。对于一只狗而言，扑向装满巧克力蛋和巧克力兔的复活节篮子，狼吞虎咽地吃掉一两斤巧克力，并不是什么难事。但如果狗很小，狂吃巧克力就可能危及性命了。

事实上，巧克力中毒并不像它听起来那样罕见。对于人类，每千克体重150毫克的咖啡因就是有毒的。对于狗也同样如此！人类的体重通常比狗大得多，但是小孩子如果摄入过多咖啡因或巧克力就会遇到麻烦。婴儿尤为脆弱，因为他们不能像成年人那样迅速清除血流中的咖啡因。巧克力是一种高热量食品，但其中蛋白质含量偏低，脂肪含量偏高，营养成分的比例不符合儿童生长发育的需要。

在饭前过量吃巧克力会产生饱腹感，因而影响食欲，但饭后很快又感到肚子饿，这使正常的生活规律和进餐习惯被打乱，影响儿童的身体健康。

食用常识 >

• 食用时机

关于睡前吃巧克力的答案是好也不好。在临睡前吃很多巧克力，这并不是一个好主意。因为就像咖啡和浓茶一样，巧克力也有兴奋作用，会使睡眠不好的人更加难以入睡。巧克力是容易释放热量的食物，临睡前吃多会让血糖升高，而血糖消耗不了就会转化成脂肪储存起来。不过，临上床前吃点巧克力也有它的好处，这是缘于巧克力的性刺激作用。它不但能使人产生性快感，打通各种阻塞，而且它含有可可碱和咖啡因，这是两个重要的精神兴奋物质。巧克力能唤起人的身体感官，提高精神兴奋点，它不但能像咖啡和浓茶那样使人精力充沛，而且巧克力会使人更加性感妩媚。

• 种类选择

黑巧克力即纯巧克力和牛奶巧克力口味不同。两者的区别是，黑巧克力的脂肪要低于牛奶巧克力（黑巧克力每100克含24克脂肪，而牛奶巧克力含33克），而且黑巧克力所含的盐分少（12微克对84微克）、糖分多（64克对55克）。真正会吃巧克力的人都只喜欢黑巧克力。有些巧克力美食家还定期聚会以专门品尝各种名巧克力。就像名葡萄酒和好咖啡一样，根据可可豆产地的不同和研制方法的差异，黑巧克力也有很多很出名的品种。

• 过食的危害

这对你的肝脏没有任何危害，多吃巧克力绝对不会影响到人的肝脏。巧克力吃多了只会出现消化上的问题。就像所有脂肪含量较多（30% 以上）的食品一样，巧克力吃多了也会造成肚子疼（比如胃痛、腹胀、腹泻或便秘等）。尤其是淡巧克力，它脂肪更多，而且含有较多的多元醇（食用过多会引起胃痉挛或腹泻）。巧克力食用过多的解救办法是：喝一杯清茶暖暖肠胃即可。

• 巧克力与心情

因为巧克力具有抑制忧郁、使人产生愉快感的作用，尤其是可可含量更多的黑巧克力，它含有丰富的苯乙胺，一种能对人的情绪调节发挥重要作用的物质。很多医生甚至把巧克力作为抗轻微忧郁症的天然药物，因为巧克力含有丰富的镁元素（每100 克巧克力含 410 微克镁），而镁具有安神和抗忧郁的作用。一次民意调查显示，34% 的法国女性和 38% 的加拿大女性承认，她们喜欢通过吃巧克力来提高性快感的程度。

巧克力趣闻

• 巧克力与头疼

因为巧克力和奶酪、红酒一样含有酪胺，这是一种活性酸，它也是引起头疼的主要原因之一。这种物质会导致机体产生能收缩血管的激素，而血管又在不停地扩张以抵抗这种收缩，这就产生了烦人的头疼。如果你患有月经期综合征的话——这是 1/3 至 1/2 的育龄妇女的常见病，建议你还是少吃巧克力。人们已经注意到，尽管巧克力会让人产生短暂的快感，但女性在经期食用过多的巧克力会加重经期烦躁和乳房疼痛。

• 巧克力上瘾

人们已经注意到，在女性月经期综合征期间、在季节变化而使人意志消沉的时候、或在感情破裂的关口，人们更喜欢吃巧克力，日消费量甚至达到 600 克。据统计，平均每个法国人每年吃掉了 6.69 千克巧克力，希腊人吃了 2.84 千克巧克力，英国人吃了 8.59 千克。世界上消费巧克力最多的是德国人，平均每个德国人每年吃了 10.12 千克巧克力。尽情地吃吧，反正也不会得肝脏疾病。

⟩ 巧克力营养模块

巧克力营养模块是一种集热量密度高、营养合理、可接受性好、食用方便等特点，由标准模块构成的野战食品。适用于远离补给点，进行高强度作战的野战部队食用。其主要特征是营养模块化。每标准模块为150克，可提供蛋白质26.7克，热量800千卡。不同战斗环境人员可根据需要选择标准模块的每日食用数量。这种营养模块解决了长期以来野战食品通用性差、发放困难等问题，被国外誉为"21世纪作战口粮"。

巧克力营养模块具有下述几个特点：1.具有很高的热量密度。每克本品含热量5.3千卡。食用3份标准模块（3×150克）即可满足人体每日2400千卡热量的生理需求。2.具有良好的的营养特性。本品汇集人体每日必需的营养成分，每标准模块含蛋白质6.7克、脂肪58.3克、碳水化合物43.3克、维生素11种、矿物质14种以及多种活性成分。结构均衡，能保证激烈战斗条件下人员体力和脑力消耗的营养补充。3.可接收性好。本品为巧克力风味，质地细腻，食用可口，可连续多日食用，易被作战人员接收。4.食用方便。本品在行进中无需任何措施即可食用。且有饱腹感，可免食用者饥饿之虞。5.具有适于野战部队使用的特殊功效。A.可促进新陈代谢，调节机体生理功能，增强免疫能力，预防恶劣环境中的疾病发生传染病感染。B.具消除紧张，减除心理压力作用。可提高战斗人员耐疲劳性及对大运动量的承受能力，保持充沛体力，处于最佳战斗状态。C.具加速

伤口愈合，皮肤防晒及抗辐射功能。可加快战斗人员恢复创伤及提高其自我保护能力。

每标准模块的营养成分如下：蛋白质：26.7克；脂肪：58.3克；碳水化合物：43.3克；热量：800大卡；镁：15毫克；磷：106毫克；胡萝卜素：27毫克；钙：123毫克；r-亚麻酸：63毫克；铁：5.7毫克；维生素C：0.5毫克；钴：4毫克；维生素E：0.2毫克；镍：20微克；维生素B$_1$：0.2毫；铬：12微克；维生素B$_2$：0.3毫克；锰：0.3毫克；维生素B$_6$：30微克；铜：27微克；维生素B$_{12}$：7微克；钒：4微克；烟酸：0.8毫克锌：0.3毫克；肌醇：33毫克硒：0.7微克；泛酸：30毫克；钾：0.9毫克；叶酸：2微克；钠：30微克。

● 巧克力DIY——我的滋味

巧克力的原料 ＞

在超市里，我们可以见到各种各样包装精美的巧克力。那么它们都是怎样制作出来的呢？制作巧克力首先要弄清楚原料的品牌和性质。目前国内常见的巧克力原料品牌很多，其中较为纯正、品质较好的有"卡玛"、"瑞士莲"等，它们一般都是2千克一包的。巧克力原料的颜色一般有3种，即黑色、棕色和白色。黑色的巧克力含糖量较低，味道比较苦；棕色的巧克力是牛奶巧克力，口感非常好，深受人们欢迎；白色的巧克力是用可可油与奶和糖混合在一起制成的，并不是严格意义上的巧克力，因为没有加入可可粉，但用它添加油性色素，便可以调制出各种颜色的巧克力。

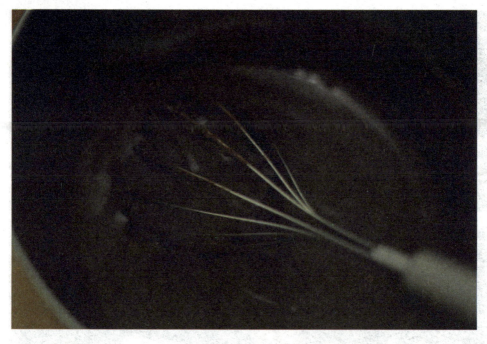

一般巧克力 ＞

1.怎样融化巧克力：要将大块纯正的巧克力原料制作成小块的带馅心的巧克力，需要先将巧克力融化。融化巧克力时既可用微波炉较低的温度处理，并不时将巧克力取出稍加搅拌，也可将巧克力装在容器里，蒙上保鲜膜，然后将容器放入热水锅中，用"双煮"的方法将巧克力融化，还可以使用专门的巧克力融化机。融化巧克力的温度一般不超过32℃，温度高了巧克力会吐奶。有人融化巧克力时喜欢将它切得很碎，其实这完全是多余的。将巧克力切得很碎融化时反而容易产生颗粒，因此只需将巧克力切成小块即可。但是必须注意，融化巧克力时千万不可沾水。

2.制作巧克力的温度：制作巧克力时一定要掌握好温度。其中"卡玛"、"瑞士莲"等品牌的原料对温度的要求较高，如果温度掌握不好，制作出来的成品会出现缺少光泽、容易吐奶、泛白、不易脱模等现象。"卡玛"、"瑞士莲"融化后，待冷却到用嘴唇能感觉到凉的时候，即可用于制作。如果时间紧迫，则可把融化的巧克力倒在干净的大理石或纸上，用抹刀反复搅拌至冷却。"卡玛"、"瑞士莲"适合制作各种口味的巧克力及装饰物。与

"卡玛"、"瑞士莲"相比，"鹰牌"、"晶牌"等巧克力原料对温度的要求不高，融化后冷却到温热的时候即可用于制作，且易于脱模、成形坚韧，只是成品的口感稍差一些。"鹰牌"、"晶牌"一般只适合制作装饰物。

3.巧克力馅心的制作：巧克力馅心的基本配方：巧克力1000克、淡奶油500克。

制作：将淡奶油煮开，离火，将切碎的巧克力倒入淡奶油中，巧克力很快会融化，再将其搅拌均匀，冷却后放入冰箱中冷藏，待其凝固后，取出即成。将巧克力馅心搓成小球，外面再挂一层融化后已冷却到适当温度的纯巧克力，便制成了巧克力糖。用模具制作巧克力除了手

工制作以外，巧克力还可以用模具来制作。巧克力模具都是一板一板的，一板一次可制作20多块巧克力。用模具制作的巧克力有各种形状，有圆形的、方形的、心形的、花形的，以及各种动物形状的。

4.用模具制作巧克力时，先要将模具擦干净，再将融化后冷却到适当温度的巧克力倒入模具中，然后将多余的巧克力倒出并将模具周围的巧克力刮干净，让模具内壁均匀地沾上一层巧克力，形成一个巧克力空壳但未封底。等到模具中的巧克力刚一凝固，迅速将刚刚冷却但尚未凝固的巧克力馅心注入模具中的巧克力空壳内，随即将模具放入冰箱中冷藏。等到巧克力馅心凝固时，取出模

57

巧克力趣闻

具，用一些巧克力将空壳的底封住，然后再把模具放入冰箱中，等到巧克力和模具分离，二者之间有空气时，就可以将巧克力倒出来了。无论用手工还是用模具制作巧克力，都可以在巧克力馅心中加入一些其他东西。如果在馅心中加入果仁，即可制成果仁巧克力；加入朗姆酒，即可制成朗姆酒巧克力。此外，还可以在馅心中加入焦糖，制成焦糖巧克力；加入板栗茸，制成板栗茸巧克力等等。

5.立体空心巧克力的制作：在复活节的时候，人们一般要制作巧克力彩蛋和兔子邦尼；在圣诞节的时候，又要制作巧

克力圣诞老人、圣诞钟、靴子和马车等等。而这些巧克力成品都是立体的、空心的。那么，怎样用模具来制作立体和空心的巧克力呢？

首先得具备特殊的巧克力模具。制作这种巧克力的模具通常有手掌般大小，由分开的两半组成，有各种各样的形状，使用时将两半合在一起，用铁夹子固定，即形成了一个完整的模具。制作时先将模具擦干净，将模具的两半合在一起，用铁夹子固定好，再将融化后冷却到适当温度的巧克力倒入模具中灌满，然后将模具翻转过来，将模具中的

58

巧克力倒出，只让模具内壁沾上薄薄的
一层巧克力。

这时，再用抹刀从外面轻轻敲打模
具，一方面使模具内壁上的巧克力层尽可
能地薄一些，另一方面也可以避免成品出
现气泡。然后将模具放在网架上，下面用
盛器接着，让模具里多余的巧克力流到
盛器里。等到模具里的巧克力快干时，用
小刀将模具下端溢出来吊着的巧克力刮
平。在保证成品不破碎的前提下，这种立
体空心的巧克力还是薄一些的好，当然也
不能太薄。因此，如果模具内壁的巧克力
层挂得太薄，就需要再挂一次，以免成品

破碎。等一切都弄好了，再将模具放入冰箱中冷藏。

等到巧克力刚刚脱模时，取出，去掉夹子和模具，即成
立体空心巧克力。这里顺便说一下，用巧克力还可以制作各
种装饰物，用来装饰蛋糕和甜点，如巧克力片、巧克力网、巧
克力树叶、巧克力缎带、巧克力烟卷等。巧克力的制作是一
门精深的艺术，我们很难用三言两语将它说清楚。巧克力的
制作发展很快，虽然现在所用的设备已经越来越先进，但仍
以手工制作的巧克力为贵。如今，巧克力的口味也发生了很
大变化，因为传统口味的巧克力已经过时，而新型的口味，
如茶叶味、香料味、水果味等新款巧克力正在成为流行时
尚。但是无论怎样发展和变化，巧克力总是以它精致细腻、
充满魅力的特点长期受到人们的喜爱。因此，制作甜点的厨
师掌握一些制作巧克力的常识，对今后的工作肯定是有帮
助的。

精制巧克力 ﹀

　　制造过程非常繁复。可可豆需要经过挑选、烘干、研磨、加热、搅拌、熟成、冷却、灌模才能形成一方完美黑亮的巧克力。约1千克的可可豆只能提炼出不到500克的巧克力精华，而制作过程至少需要经历二十几个步骤，一些优质巧克力的制作，光是搅拌可可浆就可以花上120个小时，整个过程可说是耗时费事。同时，整个制作过程必须在紧密的控温系统（即装有冷气设备的室内）进行，稍微不小心，整锅巧克力就搞砸了。

　　1. 选用一般超级市场都可以买到的巧克力棒，就不用为调温、冷却的复杂过程伤脑筋。DIY巧克力，好玩的地方是你可以根据喜好，添加混合材料。

　　2.融化巧克力时，必须用水烫热，不可以直接煮热。处理巧克力时，要很小心，巧克力完全不能沾水。

　　3.巧克力和果仁酱混合成浆状后，加入杏仁果仁。

　　4.用叉子拌起一部分，放在掌心搓成球状。把搓成球状的巧克力放入冰箱，凝固后再取出，沾上黑巧克力浆后，放入冰箱，凝结了即成。

　　5.手巧的朋友还可以利用水果制作巧克力新造型。选用的水果外层必须完全不沾水分。

　　6.创造草莓西装的造型非常简单。让草莓沾上一层白巧克力浆，放入冰箱凝固后，再沾上黑巧克力浆，放入冰箱待巧克力凝结后，用盛有巧克力浆的卷筒在草莓上加工即成。

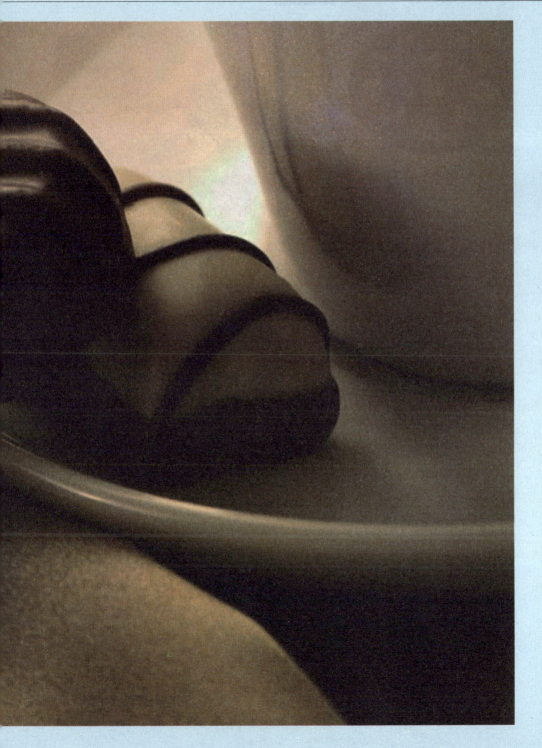

酒心巧克力 >

将1.5%—3.0%（重）的酒精和0.5%—5.0%（重）的大豆磷脂混入巧克力原料中，通过高速搅拌，使之均匀分布在巧克力原料内，然后注模固化，所用的酒精为含水酒精，其中乙醇含量在80%以上，是白兰地、葡萄酒、威士忌等的蒸馏新产品，或者是乙醇同水的混合物。

制成酒心巧克力可以用下列两方法之一：

1.包括掺和过程的方法。此法将酒精和卵磷脂在搅和之前或之后混入巧克力原料，在掺和之后5分钟之内开始冷却，冷到20℃以下。

2. 不包括掺和过程的方法。此系统先在30—70℃将酒精和卵磷脂混入巧克力原料，混入之后10分钟之内（最好5分钟）开始冷却，冷却到低于20℃。大豆磷脂（如卵磷脂）已用作巧克力的乳化剂，将大豆磷脂的用量增加到0.5%—5.0%(重)，可以使较多的酒精直接混入巧克力，这样结合的酒精能够稳定地在巧克力中保持6个月以上。

固体巧克力先将可可浆、可可粉、可可脂、奶粉、食用油脂、砂糖、乳化剂及香料等巧克力原料混合，接着用旋转磨辊使其微粒化，并用精磨机精磨后，再次用旋转磨辊加工成粉末细片状，用筛筛分均匀，最后用成型机、压榨机成型。

酒心巧克力夹心糖 ＞

原料配方：白砂糖10千克，各种名酒1.5千克，可可粉（含糖）4.0千克，可可脂1.6千克，糖粉1.5千克，酒精0.4—0.6千克。

• 制作方法

1. 制模：按10：3的比例配好面粉和滑石粉，混合后经烘焙除去水分（用下其中一部分，其余放于木盘内压紧压平），用印模印制出呈半圆球形或酒瓶状的模型，使其间距均匀，深浅一致。

2. 熬糖：按硬糖、烊糖、熬糖的程序进行，待糖浆的浓度适当时，随即加入酒精和酒，并立刻灌模成形。

3. 灌模保温：当酒精和酒加入糖浆时，因糖浆温度较高趁热用挤压在喷嘴灌模，其糖浆流量须缓慢而均匀，灌模后上面覆盖一层烘焙的面粉、滑石粉混合粉，约为1厘米厚，再将灌模后的粉盘放入恒温为35℃的保温室内，静置12小时，使之结晶。

4. 掸粉涂衣：干燥后，在模盘中轻轻地将糖坯逐个挖出，并用毛刷掸去糖坯表面所粘附的粉末，然后涂巧克力浆，即将配料中的可可粉、可可脂、糖粉加微热，融成浆，稍冷却呈浆糊状时（接近冷却但尚未凝结）取糖坯数粒放入，浸没后随即捞出，置于蜡纸上干燥。

5. 冷却包装。

• 操作要领

1.烘焙的粉制模型与制糖相隔的时间不宜过长,防止粉盘再吸收空气中的水分,但也不能因此而采用热粉制模,温度高难以使糖结晶,反而会促使反砂。

2.熬糖是制作酒心巧克力糖的关键,应掌握好熬糖时的加水量,熬糖的最终熬制温度即糖浆的最佳浓度,如果最终熬制湿度过高,制得的糖坯完全变成硬糖,没有酒浆析出;如果最终熬制温度偏低,则因糖浆过嫩,不能结成糖块。熬制温度的确定,应视季节、气候、工艺设备各方面的具体情况而定。

3.灌模时糖浆流量要缓慢而均匀,切不可冲坏模型的形状。灌模应趁热一次灌完,防止糖浆的温度降低而造成返砂。保温时,其湿度不能忽高忽低,否则难以结晶,保温过程中应让糖浆自然冷却,不然产生粗粒状结晶,容易破碎。

4.涂衣的巧克力浆配方要准确,其中含可可脂应略高一点,而温度应控制在30—33℃范围内,浆料温度过高或浸没时间过长,往往会导致糖坯的软化,糖坯与浆料温度应接近,以糖坯温度略低于浆料湿度为好。

5.涂衣干燥后的糖块必须迅速冷却,其温度控制在7—15℃内,夏季最好送入冷库或冷藏箱内冷却,冷却定型后即可包装装盒。

热巧克力

热巧克力（亦可称为热可可 / 饮用巧克力）是一种饮料，一般是热饮。典型的热巧克力由牛奶、巧克力或者可可粉和糖混合而成。一般热可可不含有可可脂，而热巧克力含有可可脂。热巧克力从新大陆引进欧洲后非常受欢迎。由白巧克力做成的热巧克力则称为白热巧克力。有的热巧克力会在顶部加生奶油。

1."热巧克力" VS "热可可"

有些人将"热巧克力"和"热可可"通用，也有些人认为它们是有区别的。热可可是可可粉、糖和稠化剂混合而成，不含可可脂。热巧克力是巧克力块制成，含有可可脂。它们的区别仅在于是否含有可可脂，热可可拥有巧克力的一切有益健康的成分，同时它也是低脂肪的。

另外，有研究表明热巧克力比葡萄酒和茶含有更多的抗氧化剂，因此可以降低心脏病的发病率。

2. 各国的热巧克力

热巧克力由微甜或苦巧克力切成小块与牛奶搅拌，然后加糖。而各国习惯的制作方法又有所不同。如今，热巧克力流行于世界。它在欧洲尤其盛行，欧洲热巧克力十分浓稠，如意大利和德国的热巧克力，后来这种风格也逐渐渗入美国。在美国传统上，热巧克力是一种冬季饮料，常与风雪、雪橇联系在一起。美国的热巧克力，一般是用热水或牛奶冲泡配好的热巧克力粉（含可可粉、糖和奶粉），比欧洲热巧克力稀很多，美国人经常在上面

加上几颗棉花糖。英国的热巧克力是巧克力粉（含巧克力、糖及奶粉）混合热牛奶制成。而可可在英国是指另一种饮料，用热牛奶与可可粉冲泡，然后根据个人口味加糖。在比利时咖啡馆，热巧克力是热牛奶和苦巧克力片分开上的，然后由客人自行调配。热巧克力会配以黄蛋糕、姜饼或比利时巧克力。在西班牙，热巧克力和西班牙油条是工人的传统早餐。这种西班牙式的热巧克力很浓，有热巧克力布丁的黏稠度。如今在西班牙的城市如马德里，人们会以西班牙油条蘸热巧克力结束夜生活，这已经成为一项传统。

巧克力密码——浓情蜜意

巧克力不仅具有美妙的味道，更因其本身代表的一种特殊的文化而受人青睐。在国外，巧克力被称为"爱情巧克力"，和玫瑰花相配是情人节最好的礼物。喜庆日、节假日为亲朋好友送上一份精美的巧克力，就是送上一份深入肺腑的丝丝暖意。这份"浓浓之情"，体现了人的品位和真情真意。

一块精制的巧克力、细腻、滑润、丝丝入扣，唇齿舌间，余香飘渺，让你感觉意犹未尽，回味无穷。巧克力究竟有什么样的寓意呢？

巧克力趣闻

浪漫 〉

爱是巧克力，爱是融化的心。在沐浴爱河的恋人们心中，巧克力被誉为"浓情巧克力"，它和玫瑰花相配是情人节最珍贵的礼物。巧克力的甜蜜温馨就如同荡漾在恋人们心中的甜蜜感觉，它有着孩童般的纯真甜蜜，女人般的柔美妖娆，抑或是男人般的浓厚深沉。只要你尝过，那滋味就会长久萦绕在你心中，是他、她、它，还是巧克力？

青春 〉

精彩幸福的青春，拥有美丽的容颜，美丽的心情和美丽的故事。还记得与朋友们相见时的那种按捺不住的心情吗？就像多姿多彩的m&m's巧克力豆一样欢快愉悦。这些彩色的小精灵，缤纷的色彩是它们与生俱来的天性，分享欢乐是它们的本色。有它们在，就有欢声笑语。有它们在，心情也会如晴空中的彩虹般亮丽。它们有像青春一样跳动的色彩，它们有飞扬的个性，它们有无畏的自信和勇气，它们更有满心的热情随时释放。你会情不自禁地被它们吸引，感染它们的颜色，分享它们的快乐。

健康 >

科学合理地食用巧克力会给我们的生活带来快乐，带来幸福。巧克力有利于心脏健康。巧克力中的多酚广泛存在于可可豆、茶、大豆、红酒、蔬菜和水果中。赋予巧克力独特魅力的成分就是多酚。与其他食物相比，可可豆中多酚的含量特别高。研究表明，多酚具有与阿司匹林相似的抗炎作用，在一定浓度下可以降低血小板活化，转移自由基在血管壁上的沉积，因而具有预防心血管疾病的功能。

巧克力能增强免疫力。巧克力中的类黄酮物质具有调节免疫力的作用。通过药物手段调节免疫功能有一定风险。好在巧克力和其他食物既安全美味，又可以提高人体免疫力。

巧克力可降低血液中的胆固醇水平。可可豆中天然存在的可可脂可以使巧克力具有独特的平滑感和入口即化的特性。研究表明，可可脂中含有的硬脂酸可以降低血液中的胆固醇水平。另外，巧克力中的单不饱和脂肪酸中含有的油酸具有抗氧化作用。橄榄油中也含有相同的物质。

巧克力有利于牙齿的保护。科学家们发现，可可豆中的单宁可以减少牙菌斑的产生，并有助于预防龋齿。牛奶巧克力中含有丰富的蛋白质、钙、磷、钾等矿物质。这些物质都对牙齿的珐琅质有好处。巧克力引发龋齿的可能性更小，这是因为巧克力在口腔中被清除的速度较快，从而减少了它和牙齿接触的时间。

能量 〉

巧克力是运动和出游时理想的能量和营养补充剂。运动营养学的研究表明，在运动之前，巧克力补充给身体的能量能够使肌肉和肝里的糖原处于最饱满的状态，从而有利于提高运动成绩。而在运动之后，巧克力能够及时补充人在运动中消耗的能量，延缓疲劳，有利于运动后身体的恢复。巧克力中还含有钙、磷、镁、铁、锌和铜等多种矿物质。它们会促进氧在血液中的循环，及时为你补充在运动中消耗的营养物质。

关心 〉

巧克力是高品质的健康礼品，为你心爱的人送去关爱。巧克力是人们喜爱的营养丰富的健康食品。它不仅味美，而且含有丰富的矿物质，可以给你的健康带来无微不至的关心。而当你把巧克力送给最心爱的人时，就是把你的衷心祝福送给了他。 一块44克重的德芙黑巧克力中含有碳水化合物27.76克、蛋白质1.85克、脂肪13.2克、钙14.08毫克、磷58.08毫克、镁50.6毫克、钾160.60毫克、钠4.84毫克，所以巧克力能够补充人体每天对于多种营养素的需求。

情爱

情与爱是人类永恒的话题。人们用巧克力传递的是一种心情，一种感觉，一种与亲朋好友在一起享受由衷幸福的快乐。营养丰富、味道醇美的巧克力受到越来越多朋友的欢迎和喜爱。在喜庆佳节的日子里，在看望父母、老友重逢、朋友聚会的时刻，一盒精美的巧克力，会带去您对家人和朋友最真诚的祝福，人们一边品尝味道甜美的巧克力，一边娓娓讲述着那浪漫动人的情感故事。在沉醉于爱情的恋人们心中，巧克力像爱人执手相握的深情。有巧克力的日子就是幸福甜美的日子。巧克力给热爱生活的人们带来快乐、健康和幸福！

愉悦 〉

好巧克力是快乐的制造者。大量的科学研究表明，巧克力给人带来好心情是因为巧克力中的苯乙胺可以帮助调节人的情绪。巧克力中还含有丰富的镁元素，镁具有安神和抗忧郁的作用。一块44克重的德芙黑巧克力中，镁的含量约为50.6毫克。

巧克力的甜蜜"诱惑"具有神奇的魔力。在远古玛雅文明时期，人们坚信是天神将可可豆赐予人类，他们认为可可豆的芳香使人精神振奋。

人们喜爱巧克力无可抗拒的美味，更多的人从巧克力的美味中体会到对生活的感悟。在很多人心底的美好记忆中，幸福的感觉就像巧克力的美味一样回味无穷，丝丝萦绕。有人说巧克力是甜的，有人说她是苦的，有人说她是快乐，有人说她是分享。巧克力给人带来的精神感受已经逾越了作为一种食品的价值，它是天赐的美味，带给我们情感和健康。

一周七天，"浪漫、青春、健康、力量、关心、博爱、愉悦……"你的巧克力密码又是什么呢？

QIAOKELIQUWEN

各种巧克力的含义

Dove 巧克力（德芙巧克力）的含义：Do you love me? 当一方主动送出，那就是示爱的表现，如果对方吃了，就代表 Yes, I do；拒绝了就是 No, I don't。金帝巧克力：含义广告语都打出来了：只给最爱的人，表达你至死不渝，忠心耿耿是最好的了。费列罗巧克力：费列罗的含义是你是我的唯一，代表忠贞不渝的爱。

各种口味巧克力的含义：

白巧克力：浓情；黑巧克力：同甘共苦；牛奶巧克力：热恋；薄荷巧克力：初恋；酒心巧克力：爱上你；榛子全粒巧克力：一心不变；杏仁巧克力：一心一意；蜜糖巧克力：甜蜜蜜；花生巧克力：友谊永固；咖啡巧克力：我爱你；栗子巧克力：分手；提子巧克力：追求你；焦糖巧克力：勿忘我；核桃巧克力：苦恋、失恋。

牛奶巧克力表示你觉得对方很纯洁，很乖巧，是个可爱的小精灵。黑巧克力，表示你觉得对方有个性，很神秘，深不可测。白巧克力，表示你觉得对方超凡脱俗，不食人间烟火。果仁巧克力表示你觉得与对方一起很温馨，很想随时陪伴左右。心形巧克力，表示"我心属于你"。卡通巧克力，表示你很欣赏对方的天真烂漫。

●巧克力品牌——大饱口福

m&m's >

m&m's是在西班牙内战的背景下诞生的知名巧克力品牌。在1941年以可随身携带又不受天气影响的硬纸筒包装首度问市的m&m's，立即成为二战中美国士兵的最爱。而它独特的外裹硬糖衣的巧克力球造型也令它大受普通民众喜爱。

1948年时，m&m's的包装由纸筒改为更有个性的棕色塑胶袋，这个别具一格的包装一直沿用至今。

进入20世纪50年代后，随着电视机的普及，形象奇趣而炫彩的m&m's巧克力逐渐成为美国家喻户晓的品牌。此后，最初只有红、黄、绿、棕、橙和深紫6个颜色的糖衣巧克力豆产品的m&m's陆续推出了花生巧克力、花生酱巧克力、杏仁巧克力、香脆巧克力、迷你巧克力（专为孩

童设计的特大包装巧克力）等全新品种。而这些五光十色的巧克力也随着m&m's那句"只融在口，不融在手"的经典广告词被世界各地的电视观众熟记在心。

　　除了制作巧克力之外，1997年时m&m's还在拉斯维加机场建立了经营T-shirts、夹克、女装、珠宝和家具的m&m's主题商店"m&m's World"，将业务范围首次扩展至巧克力以外的领域。2000年时，m&m's将所有巧克力包装上的名称都由"m&m's纯巧克力"（m&m's Plain Chololate Cadies）更改为"m&m's牛奶巧克力"（m&m's Milk Chocolate Candies），以示m&m's在新世纪将焕然一新的决心。

好时 >

好时的总公司位于宾夕法尼亚州Hershey镇。好时是美国最早的巧克力制造商Hershey Company创立的著名巧克力品牌，其名字来源于公司的创始人Milton Snavely Hershey。好时供应着全美1/3巧克力需求，不仅拥有可傲视全世界其他同行的惊人规模和产量，其巧克力出品种类也高达70多种，年产量更在10亿磅以上，乃北美地区当之无愧的巧克力及巧克力类糖果制造业霸主。

除了出产美味的巧克力之外，好时也成功缔造了一座镇民几乎全是公司员工的世界知名的巧克力城镇——"Hershey"。Hershey市位于费城西北部。在Hershey市两万多英亩的土地上，除了公园、动物园、带看台的体育场、高尔夫

球场、学校、医院和旅馆等公共建筑之外，还建设有3座巧克力工厂、与公司同名的好时乐园和1座兼有游玩与宣传性质的"巧克力世界"。

在1973年建成的"巧克力世界"里，游人们不但可以乘坐免费电车观看巧克力从原料到成品整个生产流程的表演，还可以在出口处买到便宜的好时巧克力并获邀免费品尝好时的新产品。

此外，Hershey市还有风景绝佳，收集约有270个品种的7000株玫瑰和北美地区25种特有蝴蝶的山顶花园、收藏着印第地安住民工艺品及早期移民的历史性遗物的博物馆，还有一所1909年建立受惠者高达数万人的孤儿学校。为了纪念创始人Milton S·Hershey的成就与仁慈，孤儿学校不仅为他立了铜像，还在基石上镌刻了Milton S·Hershey的名字和这样两句铭文——"他的事迹就是一座纪念碑。他的生平启发了我们。"

77

巧克力趣闻

瑞士莲 ＞

　　瑞士莲创立于1847年，是世界公认的巧克力顶级品牌。瑞士莲的品牌名取自瑞士人Rodolphe Lindt的名字，同时它也是全球第一家专门制造巧克力的工厂，其产品的最大特色是"幼滑细腻，入口即溶"。

　　瑞士莲细腻丝滑的特质主要来自Rodolphe Lindt在1879年发明的"巧克力搅拌工艺"。它采用一个载有木珠或金属珠的容器来研磨原料，使制作材料在长达78小时的研磨过程中因磨擦发热而使质地变得更加紧致幼嫩。再加上瑞士莲一贯坚持以精良做工和精心选材来保证巧克力的优良品质，因此瑞士莲的巧克力才能连续160多年独占世界第一巧克力的宝座，常盛不衰。

Confiserie Tschirren ＞

　　如今人们可以轻易买到瑞士制造的巧克力，却不一定能品尝到最地道的瑞士手工巧克力，因为这类手工巧克力大多只在瑞士本土销售，其经营范围并未包括国外其他地区。

　　成立于1919年的Confiserie Tschirren就是这样一家坐落瑞士伯尔尼旧城区内克拉姆街上的老字号手工巧克力店。它的手工巧克力虽以品质上乘而享誉世界，但这家店却没有变成商业连锁店的打算。虽然只有10多个手工巧克力品种，但每一个口味都是经过Confiserie Tschirren精心搭配的极品。

高迪瓦 〉

诞生于1926年的高迪瓦是众多比利时巧克力品牌中的佼佼者，其名字取自传说中尊贵仁慈的戈黛娃（Godiva）夫人之名。

自古以来，比利时便一直保存着追求完美的传统，因此继承了这一传统的精致手工巧克力高迪瓦才会一直坐拥"巧克力中的劳斯莱斯"的美誉。质感香滑的高迪瓦不但拥有精致的欧陆式贝壳外形，还拥有一丝不苟的欧式金装礼盒包装及人工装饰好的应节包装。

自1968年起，贵气十足的高迪瓦荣耀地晋升为比利时王室的御用巧克力品牌。因此在高迪瓦迄今出品的200多款巧克力中，就有3款巧克力是以比利时皇室盛典或比利时皇室成员的名字命名的（如为纪念1999年比利时土子大婚而被冠以王妃名字的"Mathilde"）。

除了欧洲、中东及亚洲之外，高迪瓦在美国各大城市也开设有超过200间的专卖店，以及设立在多家高级百货公司、特色商铺、免税商店和国际机场中的近1000个零售点。因此除了皇室贵族之外，很多世界名人（如美国前总统比尔·克林顿和女星伊丽莎白·泰勒等）也都是高迪瓦巧克力的忠实粉丝。

Leonidas ≻

"Pralines"这个词在比利时是"高级巧克力"的代名词，而身为比利时王室的巧克力专供商之一的Leonidas则是所有Pralines巧克力中最杰出的品牌。

Leonidas的巧克力均在布鲁塞尔由以质量最好的材料半手工半机器制作而成，它不仅味道香浓、口感香软滑溜，还不含任何化学物质。

以"克"为单位来销售的Leonidas巧克力品种搭配自由度极大，每位消费者均可从店内琳琅满目的各色巧克力中依照个人喜好或对方口味自由购买合适数量的Leonidas巧克力。此外，Leonidas巧克

力还有一个最大的特色——"绝对的新鲜"。在世界各地的Leonidas专卖店里，每一颗被整齐美观地陈列在冷藏柜中的Leonidas巧克力的出厂时间都绝不会超过4周。

Mary's 〉

以一位高雅女性的形象为品牌标志的Mary's巧克力一向以雅致的包装与精美的内容而闻名世界，而且它一直是比利时皇族最喜爱的巧克力品牌。

Mary's的总部位于比利时首都布鲁塞尔，其前店后厂的店面则设立在一幢路易十五时期的传统式古典建筑中。Mary's的创始人Marie Delluc夫人在创办这个如今已全球知名的巧克力品牌时已年满60岁，但她依然坚持Mary's的手工巧克力里绝不能添加任何防腐剂、着色剂等人工添加剂。而Marie Delluc夫人的要求，则成为了如今Mary's巧克力最值得自豪的特质——纯天然。从1942年开始，Mary's巧克力多次获得比利时王室颁发的王室资质证书，而它也顺利地成为了王室的巧克力特供商之一。

Mary's的飞速发展始于20世纪中期。1998年11月，贝伊夫妇并购了Mary's。恰好当时的日本开始流行起了本来源自欧洲的情人节，而贝伊夫妇也抓住这个商机，成功推出了针对情人节的特制巧克力。而Mary's也因此而成为了全球第一个使用巧克力作为情人节代表商品的巧克力公司。

借助情人节的东风而声名大震之后，Mary's的销量也开始呈天量增长。到目前为止，Mary's仅在日本便拥有超过2000家的巧克力专卖店，而它开设在我国香港及美国、韩国等地区国家的商场专柜和机场专柜更是数不胜数。

吉利莲 〉

　　具有大理石光泽、一向昂贵的吉利莲巧克力被誉为"欧洲最精致的手制巧克力"和"巧克力王国中的至尊"，同时它也是唯一被比利时王室授予金质奖章的巧克力品牌。因此吉利莲生产的每颗巧克力上都会有印有"No.1"的字样。

　　吉利莲所有巧克力中评价最高的品种当数希腊贝壳造型的巧克力，每一颗贝壳巧克力均由牛奶、白巧克力和黑巧克力混合而成。因此贝壳巧克力的口感不单香滑无比，而且还没有花生或果仁等硬物来阻碍舌头的触觉。

　　由于吉利莲的巧克力不含酒精及动物油脂，因此即使是素食者或易胖人士也能放心地享用它。不过虽然是世界知名的老字号，但吉利莲的巧古力口味比较偏甜，所以应该只适合非常爱吃甜食的人而已。

德芙 〉

德芙巧克力是世界最大宠物食品和休闲食品制造商美国跨国食品公司玛氏（Mars）公司在中国推出的系列产品之一，是玛氏食品公司旗下的巧克力品牌名称，品牌名称源自一家1956年所成立的芝加哥糖果商店，1985年开始进入全美市场。1986年被玛氏食品收购。1989年进入中国，于1993年进入中国大陆市场，1995年成为中国巧克力领导品牌，"牛奶香浓，丝般感受"成为经典广告语。德芙巧克力、玫瑰鲜花和胡庄玫瑰花球，早已成为人们传递情感、享受美好瞬间的首选佳品。

德芙巧克力品种丰富，包括果仁巧克力、丝滑牛奶巧克力、榛仁葡萄干巧克力、杏仁牛奶巧克力、摩卡榛仁巧克力、榛子酱夹心巧克力等。

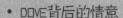

• DOVE背后的情意

1919 年的春天，卢森堡王室迎来了夏洛特公主继承王位，同时她也嫁给了波旁家庭的后裔费力克斯王子。双喜临门，整个卢森堡王室热闹非凡。为了迎接那些贵客，御厨们更是通宵达旦地忙碌着。18 岁的男孩莱昂·斯特法诺斯（Leo Stefanos）已经在这个厨房工作了 4 个年头。

这几天莱昂可忙坏了，整天都在整理碗橱和筷子，双手裂开了好几个口子，好不容易有点空闲，莱昂坐在门口用块布沾着碱水擦洗伤口。"这样太不卫生了，伤口容易感染发炎。"一个细弱的声音轻飘飘地飞进了莱昂的耳朵里，他抬起头，看见阳光中站着一个女孩。她有着淡黄稀疏的头发，微笑的眼睛向上翘成了弯月。莱昂从未见过她，猜测可能是费力克斯王子带

来的仆人。女孩却自顾自地坐在了他的身旁。"要用药水擦洗，这样一定很疼的吧？"她盯着莱昂的手指，心疼地微微蹙起了眉头。就在莱昂不知道该如何回答她时，一个女佣跑了进来，"芭莎公主，快走，夫人在找你！"女孩回头冲莱昂笑了笑，匆匆忙忙跟着女佣跑了。原来她是公主！在这个王室中，除了带他进来的亲戚，从来没有人关心过他，更何况是公主。她那几句简单的问候，让他产生了温暖的感觉。

此后，莱昂从和女佣们的聊天中得知，15 岁的芭莎，是波旁家族的远亲，因为无依无靠，所以被费力克斯王子带了过来。女佣们经常嘲笑她那稀疏的头发，还有脸上的小雀斑。莱昂心不在焉地一边听着，一边忙着手里的活，转头时突然发现厨房

门口有一个脑袋在那里看来看去，当对方的目光与他对上时，高兴地冲他摆了摆手。那正是芭莎公主。她快速地塞给莱昂一个布包，然后慌慌张张地走了。莱昂打开看到，里面竟然是一支疗伤的药膏。那天晚上，莱昂躺在床上，脑海中总是浮现出芭莎因为心疼而蹙眉的样子，多么善解人意的姑娘啊，他的心里既温暖，又甜蜜。

几天后，一位伯爵过生日，要在宫中举办一个小宴会。宴会上的蛋卷冰激凌是当时刚刚流行的，它成了年轻王子公主们最热衷的甜点。其实芭沙也很喜欢冰激凌，但这种还是稀罕物的食品自然轮不到她。于是，莱昂开始寻思为她做冰激凌。这天晚上，莱昂悄悄潜入厨房。不一会儿，一个橙子味的冰激凌就在他的手下诞生了。当莱昂悄悄地敲开芭沙偏僻而简陋的房门

时，芭莎看到他手中托着的精美礼物，满脸惊喜。她品尝着甜蜜香滑的冰激凌，神情陶醉，仿佛陷入了某种美好的回忆。随后她轻声告诉莱昂，她的母亲是个富有想象力的女人，在世时就经常给她调制各种口味的冰激凌。莱昂恍然大悟，原来冰激凌里的奶油味有芭莎对母亲的回忆和思念。此外，由于母亲也是英国人，芭莎也精通英文，她喜欢教莱昂简单的英语，似乎这能让她重温母亲的回忆。

从此以后，莱昂常常悄悄地为芭莎研制各种口味的冰激凌，很多个繁星点点的夜晚，他们在品味着美味的冰激凌的同时情窦初开的甜蜜也环绕在心头。不过在那尊卑分明的年代里，由于身份和处境的悬殊，他们谁都没说出心里的爱意，只是默默地将这份感情埋在心底。

• 悲伤的热巧克力难留爱情

转眼 3 年过去了，芭莎已经由一个羸弱的少女出落成一个漂亮的大姑娘，浑身透着果汁一样清新香甜的气息。莱昂的冰激凌手艺也得到了发挥，成为了宫廷甜点师的助手。有一回，芭莎突发奇想地说："莱昂，你说如果能在冰激凌里加上巧克力会不会更美味一些？"芭莎的愿望对莱昂就是无边的动力。他又有了新的目标：巧克力冰激凌。如何才能让苦涩又香浓的巧克力融入到冰激凌里去呢？就在他苦苦琢磨时，一个消息像阴风一样吹向了他。

20 世纪初期，小小的卢森堡在这个欧洲地区地位窘迫，不时有人提出废除王室特权。为了找到一个靠山和同盟国，1921 年卢森堡和邻国比利时为巩固两国

之间的关系，决定王室联姻。而被选为联姻的人正好是芭莎公主。听到这个爆炸性的新闻，正在埋头调制巧克力冰激凌的莱昂心头一凉，手中的咖啡杯摔到了地上碎了。他感到自己的心在猛烈地抽搐着。

一连 3 天，芭莎公主都没有出现在下午的餐桌上。莱昂心急如焚，盼望这周三的晚上能早些来到，因为那是他们约定在一起研制冰激凌的日子。可是这天晚上，芭莎失约了，直到莱昂盘中的冰激凌完全化掉，她也没有出现。莱昂感到有种撕心裂肺的疼痛。

芭莎出现在莱昂地视线里已经是一个月后。那天下午，他意外的在餐桌前看见了芭莎。她瘦掉了一圈，整个人看上去憔

悴了许多。只是在看到莱昂的那一瞬间，她眼中迸发出两道炙热的光芒，那道光像剑一样刺痛了莱昂的心脏。他很想冲过去，抓住芭莎的手问她，希望她告诉他一切都是假的，她不会嫁人，因为她真心爱的人是他。可是他是仆人，而她却是高高在上的公主，莱昂无法确认他的爱情，可他抱着最后一线希望，想知道芭莎会不会爱他。

这天，莱昂给公主和王子们准备的甜点依然是冰激凌，由于真正的巧克力冰激凌还未研制成功，他急中生智，在芭莎的那份冰激凌上直接用巧克力写了几个英文字母"DOVE"，正是 do you love me 的缩写。他相信如果芭莎心有灵犀，一定能读懂他的心声。这是他最后的机会了。莱昂紧张地盯着芭莎，看着那只写着字母的

冰激凌转到她的面前。可是直到上面的热巧克力融化了，芭莎也没有仔细看那几个字母，她只是发呆了很长时间，然后含泪吃下了他为她做的最后一份冰激凌，也让他的心完全地碎了。

几天以后，芭莎出嫁了，莱昂坐在高高的山坡上，悲哀地看着载着芭莎的列车开向远方。他手里的冰激凌融化了，心爱的姑娘也远去了，莱昂流下了伤心的泪水。自从芭莎离开后，有很长一段时间莱昂沉默不语。他常常习惯性地来到厨房，坐在曾经和芭莎一起坐过的长椅上，看着那些一起分享过冰激凌的餐盘，回忆侵蚀着他的大脑，更显得悲凉和孤寂。莱昂的心里隐隐作痛，他不能再在这里呆下去了，他决定离开，彻底忘记芭莎，开始自己新的人生。

• 刻在巧克力上的感情

芭莎出嫁的第二年，莱昂离开了卢森堡，来到了美国，在一家高级餐厅里找到了工作。他踏实肯干，虚心老实，老板很赏识他，便将女儿许配给他。几年后莱昂随着老板一家人搬迁至芝加哥，并在芝加哥成为一名糖果商。然而，时光的流逝，家庭的安定，平稳的事业，还有儿子的降生，都没能抚平莱昂心底的创伤。芭莎微微蹙起的眉头始终是他心上永恒的烙印。他掩藏的心事未能逃过妻子的眼睛。在一起生活了十几年后，妻子越来越感觉到莱昂心里始终有另外一个女人。终于有一天，她的愤怒爆发了。她咆哮说不需要三个人的婚姻，然后就伤心地离开了。

莱昂从此一直单身带着儿子，经营着他的水果店。1946 年的一天莱昂看到儿子在追一辆贩卖冰激凌的卡车。当他拦下儿子后，儿子失望地告诉他那辆卡车里有最好吃的巧克力冰激凌。莱昂紧闭的那扇心门顿时被撞开了。自从芭莎离去后，他再没做过一次冰激凌。而芭莎最后想要的也不过是一个巧克力冰激凌，他却没能达成她的愿望。莱昂决定继续过去没有为芭莎完成的研究。

经过几个月的精心研制，一款富含奶油的同时被香醇的巧克力包裹的冰激凌问世了，并被刻上了四个英文字母。儿子天真地问莱昂，冰激凌上"DOVE"这几个字母是什么意思？莱昂轻轻地回答儿子，

这是冰激凌的名字。说完，良久无语，他想起芭莎最后一次吃冰激凌的情形，那热热的巧克力上刻的也是这几个英文字母，可是她却视而不见。德芙冰激凌一推出就受到了大众的好评，许多人都爱上了它细腻得仿佛裹着柔情蜜意的口感。

就在这时，莱昂意外地收到了一封来自卢森堡的信件。此时距离他离开卢森堡已经有20多个年头了。拆开那封信，居然是过去同在厨房里干活的一位伙伴写给他的。从信中莱昂得知，芭莎公主曾派人回国四处打听他的消息，希望他能够去看她，但却得知他去了美国。由于第二次世界大战的影响，莱昂拿到这封信时，已经迟了一年零三天。芭莎到底怎么样了？她还好吗？莱昂的心仿佛又回到了当年，依然那么急迫而热切。

历经千辛万苦，莱昂终于来到了比利时，芭莎并不在皇宫，而是住在郊外一处破败的别墅里，迎接他的佣人神情悲伤，这让莱昂感到不详。芭莎像莱昂一样也老了，她虚弱地躺在床上，曾经如清波荡漾的眼神如今也变得灰蒙蒙的。莱昂扑在她床边，任眼泪滴落在芭莎苍白的脸上。芭莎伸出手来轻轻地抚摸着莱昂的头发，用几乎微弱得听不到的声音叫喊着莱昂的名字，随后她艰难的讲述了整个故事。

原来当年在卢森堡时，芭莎也深深地爱着莱昂，曾以绝食拒绝联姻，但是被送到宫外严密看守了一个月，她深知自己绝

对不可能逃脱联姻的命运，何况莱昂从未说过爱她，更没有任何承诺。在那个年代里，一个女子要同整个家族决裂是要付出沉重代价的，况且她无处可去。她最终只能向命运妥协。但条件是希望离开卢森堡时能回皇宫喝一次下午茶，因为她希望在那里与莱昂做最后的告别。她吃到了他送给她的巧克力冰激凌，却没有看到那融化的字母。

听到这里，莱昂泣不成声，过去的误解终于有了答案。但一切都晚了，3天之后，芭莎离开了人世。莱昂听佣人说，芭莎自从嫁过来之后，终日郁郁寡欢，导致疾病缠身，她曾派人回去寻找莱昂，得知他离开了卢森堡并在美国结婚了，就一病不起。

莱昂十分悲伤，如果当年那冰激凌上的热巧克力没有化掉，如果芭莎明白他的心声，那么会改变主意与他私奔吗？他觉得一定会的！他开始悔恨自己的愚蠢和疏忽，为什么要在冰激凌上面用热巧克力刻字呢？如果巧克力是固体，那些字就不会融化，他也不会失去最后的机会。莱昂决心制造出一种固体的巧克力，使其可以保存更久的时间。

经过苦心研制，香醇独特的德芙巧克力终于诞生了，"DOVE"这四个字母被牢牢地刻在了每一块巧克力上，莱昂以此来纪念他和芭莎那段错过的爱情，所以当你所喜欢的人送给你 DOVE 巧克力，千万不要错过机会，这是他向你证明爱的表现。

——源自《读者》2010年5月刊

过期的巧克力不能吃！

中国粮油学会油脂分会副会长王兴国指出：巧克力可以分为两类：一类是纯巧克力，一类是以代可可脂（包括精炼油脂、植物油脂等）代替可可脂制作的复合巧克力。如果巧克力存放时间过长，就像油变得酸败了一样，会导致过氧化值增高。过氧化值是反映食品中油脂氧化程度的指标，一旦超标会直接影响食品的品质，而如果出现了这种情况，往往要通过专业仪器设备才能检测出来，普通人从外表很难加以判断。食用过氧化值超标的巧克力对人体会产生较大危害，比如导致肠胃不适、腹泻并损害肝脏等。

一般来说，普通巧克力的保存期限为一年左右，但随着内容物的不同，时间会有所增减。尤其是添加鲜奶（或牛奶成分较高）、榛果类的巧克力产品，由于其中的不饱和酸含量高，果仁等很容易被空气氧化，也就相对缩短了巧克力的保存时间。所以，鲜奶或果仁巧克力更要注意保存，否则容易变质。

还有一种常见情况，有些巧克力虽然没有过期，但表面出现了白霜，这多是由于保存不当造成的。如果储存环境潮湿，巧克力中的糖分容易被表面的水分所溶解，待水分蒸发后会留下糖晶。即使巧克力是密封包装的，水分还是会从外包装的折叠或边角处渗透进去，使其表面被一层薄薄的呈灰白色的糖霜覆盖。另外，可可油晶粒会溶解渗透到巧克力表面再次结晶，导致巧克力出现返霜现象。表面结霜的巧克力仍然可以吃，虽然会失去原来的醇厚香味和口感，但对人体并

没有危害。

最后提醒大家，巧克力最好现买现吃，购买时不但要注意生产日期，也应尽量缩短保存时间。储存巧克力的最佳温度是5℃—18℃。夏天，如果室温过高，最好先用塑料袋密封，再置于冰箱冷藏室储存。取出时，请勿立即打开，让它慢慢回温，至接近室温时再打开食用。冬天，如果室内温度低于20℃，储存在阴凉通风处即可。

● 巧克力世界——快乐天堂

巧克力开心乐园 ＞

　　巧克力开心乐园，位于上海市世博园区C05片区，是中国第一家大型巧克力主题公园，于2013年1月中下旬开门迎接游客。乐园预计在1年内至少申请10项吉尼斯世界纪录。

　　首家巧克力主题乐园落户世博园区公园把观赏性、艺术性和互动性等旅游特征结合于一体，别具匠心地为游客打造出梦幻巧克力王国、甜蜜伊甸园、面包音乐剧场、中华五千年、童话故事剧场、

经典烘培学院、主题商业街、时尚主题馆等震撼、奇巧、甜蜜、时尚的旅游风景区和其他配套娱乐设施。在这里，能看到世界最大的巧克力城堡，欣赏到独一无二的面包打击秀，观赏到梦幻般的糖果世界，吃到形色各异的美食，近距离地与Hello Kitty、变形金刚、加菲猫、蜡笔小新等知名卡通接触嬉戏，并且将申请多项美食吉尼斯世界纪录，这就是一个由巧克力搭建的开心集结地。

• 甜蜜伊甸园

甜蜜伊甸园（原世博园埃及馆），展区面积约 1000 平方米，由糖果伊甸园景观、巧克力溪流和糖果彩虹桥、巧克力瀑布三大主题构成，让儿时的糖果梦想如实呈现，一路带你领略春、夏、秋、冬四季的奇幻场景，身临其境。以伊甸园为设计背景，采用彩色和透光糖果、巧克力和饼干等材料，为游客呈献出各类逼真甜蜜的伊甸园、花鸟树木以及人的形象。各种精致的花草（高达 1 米）、晶莹剔透且内部发光的蘑菇、挂满果实的苹果树、以及真人比例的亚当与夏娃的实像，配合特殊灯光效果，让你进入到伊甸园甜蜜、浪漫的世界。世界最高巧克力瀑布，具有高 8 米、宽 10 米。飞流直下的巧克力热流将注入巧克力溪流之中，为游客带来宏伟气势的同时，也带来流动性的感官体验。

• 梦幻巧克力王国

梦幻巧克力王国（原世博园南非馆），展区面积约 2000 平方米，由巧克力城堡、四壁浮雕、巧克力雕塑广场等元素构成。高达 10 米，占地 400 平方米的巧克力城堡是目前世界上唯一和最大的巧克力宫殿，宫殿之中的地面、墙壁等所有摆设都用巧克力精雕细琢，游客可穿越其中，享受独特的欧洲古堡体验。利用展馆的四壁，通过巧克力浮雕的方式，搭配灯光效果和巧克力城堡的视觉效果，营造欧洲古堡群的整体视觉氛围，给展馆中的游客一种视觉震撼。利用巧克力材料重现古今中外的著名雕塑（如大卫、维纳斯、思考者等），结合展馆的整体效果，给游客在享受视觉冲击的同时，也能感受不同国度的文化熏陶。

巧克力趣闻

• 童话故事剧场

童话故事剧场（原世博园安哥拉馆），共占地面积约 1000 平方米，由卡通形象蜡笔小新、变形金刚、加菲猫、Hello Kitty 为主题组成的童话世界乐园。游客可以近距离地切身体验与自己喜爱的卡通人物进行互动嬉戏。此外，还设有用巧克力为材料打造的逼真的卡通场景和卡通人物，让你身在其中，沉浸在梦幻的童话世界中。听场馆内专门设有"童话故事互动专区"，让孩子们聆听由卡通自己来讲述自身的故事。

• 面包音乐剧场

面包音乐剧场（原世博园突尼斯馆），剧场面积约 1000 平方米，同时能容纳 100—150 人；节目由巧克力为主轴，为游客带来视觉、味觉、听觉、嗅觉冲击的魔幻场景。表演与上海电影艺术学院全面合作。剧场分上下二层，上层有独立包房，可以邀请三五好友观剧聊天，这里是属于你们的巧克力世界。

• 时尚主题馆

时尚主题馆（原世博园阿尔及利亚馆），展馆面积约 1000 平方米，由时尚展示、品牌展示等主题构成；采用面包、巧克力的独特表现方式来展现品牌和时尚元素。品牌和元素来源是采取招商方式与知名品牌来展开合作。通过面包、巧克力为原料参照其合作品牌产品制作一定比例的模型，并陈列于园区进行展览，以此达到提升品牌形象和推广效果。（展出元素包括鞋、包、服饰、汽车、器皿、家具等一系列时尚风格的展品）通过巧克力为核心，举办形式各异的巧克力品牌服装秀。主题馆内每个品牌展示区都设有放映专区，用于展现时尚品牌的厂商设计理念、产品的孕育过程、产品特点及产品文化，让游客全面、深入了解时尚品牌，也能更好地提高品牌的认知度和影响力。

• 经典烘培学院

　　经典烘培学院（原世博园尼日利亚馆），学院面积约 500 平方米，主要以互动 DIY 等互动体验区为核心。不论亲子、情侣或家庭，都可以体验制作各类甜品美食的乐趣，同时也掌握美食制作方法。美食 DIY 互动体验区犹如一个异国情调的小镇。美食 DIY 互动体验区馆内设有大量美食相关的教学书籍供其查阅，同时也汇集了世界各地的地道食材供游客使用，在这优越、独特的环境让你尽享学习和美食带来的无限乐趣。

• 中华五千年

　　中华五千年（原世博园斯洛文尼亚馆），展馆面积约 1000 平方米，主要以中国上下五千年为题材采用面包、巧克力、糖果、饼干等材料再现中华 5000 年的历史和文化。将青铜器、玉器、瓷器、金银器、陶器漆器、字画、服装、鞋帽、家具、文房四宝等古代文物，通过工艺师的精雕细琢，达到百分之百地复制还原。

　　主题馆带领游客不断穿越中国历史，切身体会中华 5000 年的渊源历史，同时享受非凡的巧克力艺术巅峰之作。中国四大名著、经典传说场景包括西游记、红楼梦、水浒传、三国演义等经典场景和人物造型，都会采用巧克力工艺重现。穿梭时光隧道，带游客回到千年前的古文明，世界上最大的巧克力长城、兵马俑、敦煌石窟正以无比辉煌震撼的气势屹立在游客面前，以令人惊叹的工艺再次创造世界奇迹。

• 主题商业街

主题商业街（原世博园阿根廷馆），总体面积约 2000 平方米，包括制作演示，主题店铺两大内容。20 多家种类多、外观美、味道好、价格低等特色创意甜品美食店铺为游客提供服务。商店街设立各式面包、巧克力、糖果、饼干、蛋糕、咖啡、甜点的主题商店。每家设计精美的欧式主题店铺都将有自己的独特风格，销售着世界独一无二的美食商品。同时部分商铺也迎来了海外著名巧克力品牌的入驻。玫瑰花巧克力、跳跳糖巧克力、芥末巧克力……沙士、提子、甘草味糖果等多种经典造型、奇特口味的巧克力与糖果为游客甜蜜之旅加点料。

巧克力梦公园 >

世界巧克力梦公园位于北京市朝阳区奥林匹克公园鸟巢北侧广场,总占地面积近2万平方米,独立新颖,是目前国内首座集"文化、时尚、饮食、娱乐"于一体的国际化大型巧克力主题公园,是一处满足大众娱乐需求而建造的独具创意的时尚文化旅游项目,是家庭休闲娱乐的首选之地、年轻人的潮流聚集地、企业文化活动的绝好场所,是所有人的欢乐集结地!园区于2010年1月29日建成开放。

世界巧克力梦公园主要由世界巧克力馆、世界糖果馆、梦公园主题馆、甜蜜体验馆和甜蜜礼品馆5个室内场馆和甜蜜舞台区、甜蜜商业街2个室外活动区组成。共计使用各类巧克力80吨。世界巧克力梦公园的室内场馆将24小时进行供暖,以调节适当的温度来延长室内巧克力的保存期限。

巧克力梦公园,一个甜蜜梦想聚集的地方,是中国首座集"文化、时尚、饮食、娱乐"于一体的国际化大型巧克力主

题公园。如果你说：不就是卖巧克力嘛。那就想错喽！

世界巧克力梦公园共分五大室内馆和户外甜蜜园区，为你带来甜蜜的视觉、味蕾体验。室内场馆：世界巧克力馆，里面藏着世界上最最昂贵的巧克力，中国最大的巧克力瀑布，还有来自世界8个国家的特色巧克力；世界糖果馆，是你想象不到的哟；梦公园主题馆，长城本来就是中国独一无二的，而现在更是世界上最长的巧克力长城，甚至兵马俑，让你无限期待；甜蜜体验馆，你可以和你的家人、情侣、朋友一起制作只属于你们的巧克力与糖果，让甜蜜随时相伴；甜蜜礼品馆，倘若你还想为这次出行在生命里流下美好记忆，那你可以在这里挑选一份精致的礼品。户外甜蜜园区，设置有大型的舞台和游戏设施。可爱活泼的巧克力公仔精灵们会围绕着你为你上演他们的奇遇故事，你可以和他们一同欢乐。你还可以去玩神秘的巧克力游戏棋，一米多高的大棋子儿，看你能不能玩转它！梦幻的旋转木马更多玩法，给你带来全新体验。

• 梦公园主题馆

以"魅力东方"作为梦公园主题馆的创意主轴，将璀璨华夏文化，古今文明，制作成惟妙惟肖的巧克力雕塑作品，展示于馆中。梦公园馆设有两大区，以魅力上海区、华夏文明区为主。

• 世界巧克力馆

来到这里让你真正了解巧克力，从巧克力的历史文化与制作流程，让你成为巧克力通。这里是最时尚的巧克力风尚区，更是复活节、圣诞节与情人节这些巧克力节庆的最佳演绎区块。在这里让你认识世界著名巧克力国家的特色与发展，你会惊叹现场巧克力大师的巧克力工艺表演如此精湛。

• 巧克力生活馆

来到这里，6位可爱的巧克力梦公园公仔玩偶——巧巧、可可、丽丽、梦梦、公子及圆圆，在巧克力故事屋跳着梦公园之舞欢迎着大家。经历连串甜蜜视觉冲击之后，令人垂涎欲滴的各式各样手工巧克力与巧克力美食将在巧克力生活馆中进一步挑逗你的味蕾神经。

• 巧克力魔法学院

为满足游客们动手玩转巧克力，巧克力魔法学校设置巧克力 DIY 区，游客可参与巧克力 DIY 活动，制作专属纪念巧克力，洋溢着浓烈幸福感，多款新颖趣味的互动设施，让游客们从中体验甜蜜，满足心灵对巧克力的欲望，寒冬中可可吧里享用一杯热可可为你留下一份甜蜜的回忆。

● 巧克力电影——流金岁月

《浓情巧克力》
——巧克力融化着淡人性 ＞

　　平静的小镇在寒冬里迎来了火热的一天。年轻的薇安萝雪带着女儿来到这里，在当地教堂的对面开了一间名为"天上人间核桃糖"的巧克力店。巧克力香浓的气味在小镇上空飘荡，吸引众多小镇居民，而神奇的是，薇安萝雪每次做出来的巧克力都能满足顾客的心理需求，发掘他们心中隐密的渴望。很多人原本封闭灰暗的生活有了新的色彩。但是，这却激怒了镇里的神父和贵族，他们视薇安萝雪为异类，镇里出现了对立的两派。而这时，吉普赛人洛克斯远道而来，加入了薇安萝雪的阵营，薇安萝雪勇敢地打开了他内心的欲望，二人共坠爱河，却想不到神父盘算着如何把这个"不祥"女子赶出小镇，于是新旧观念的大碰撞开始了。

《查理和巧克力工厂》

——儿时的梦 〉

《查理和巧克力工厂》（Charlie and the Chocolate Factory）于2005年上映，改编自1964年罗尔德·达尔的同名小说。电影由蒂姆·伯顿导演，约翰尼·德普饰威利·旺卡，弗雷迪·海默饰查理·巴克特。这是在1971年的电影《威利·旺卡和巧克力工厂》之后的第二部改编自此书的电影，上一部《威利·旺卡和巧克力工厂》是由Mel Stuart指导。

《威利·旺卡和巧克力工厂》拍的更像一部成人影片，而不是儿童片，所以，它的故事比原著黑暗了很多。对此，原著作者罗尔德·达尔颇有微词，认为这部作品偏离了原著的立意和主题，完全是挂着羊头卖狗肉。而蒂姆·伯顿重新拍摄的影片则基本忠实了原著的主题和风格，完全从儿童的视角去讲述这个奇妙的巧克力工厂之旅。素有"鬼才导演"之称的蒂姆·伯顿跟本片简直就是天生一对！想法古怪、不按常理出牌的蒂姆·伯顿总是能赋予奇幻电影原汁原味的感觉。他对视觉效果和电影配乐的把握很有一套，已经形成了非常鲜明的"蒂姆·伯

顿风格"。在影片色彩的运用上，《查理和巧克力工厂》可以说是一次色彩大爆发——各种鲜艳、娇嫩欲滴的糖果色全都被蒂姆·伯顿在影片中发挥到极致，视觉冲击力非同一般。

• 剧情简介

有一个小男孩叫查理·巴克特，他和父母、爷爷奶奶、外公外婆住在一起。查理一家居住在一栋摇摇欲坠的小木房里，相互之间和睦融洽，是一个幸福的家庭。虽然每个夜晚，一家七口吃的晚餐都是卷心菜汤（就快吃不饱肚子了），可是小查理却乐意与自己最心爱的人在一起，日子过得十分幸福。

从查理家的一个窗子望去，可以看到全世界最大的巧克力工厂——旺卡巧克力工厂。工厂由一位天才巧克力制作者兼生产商威利·旺卡拥有。那是座神秘的工厂，大门紧锁，15年来，从来没有看见有工人从大门进去或出来过，可是却能闻到浓郁的巧克力香味。工厂出产的旺卡牌巧克力销往世界各地，深受孩子们的喜爱。小查理也不例外，在每个夜晚的梦乡中，他都幻想自己可以进入那座工厂。（小查理每年只能在生日那天吃 块巧克力，所以他家的墙上贴满了他吃过的每一块旺卡巧克力的包装纸）。

有一天，威利·旺卡先生宣布了一个告示，他将向5名幸运的孩子开放充满"奥秘和魔力"巧克力工厂。除了参观工厂外，他们还能得到足够吃一辈子的巧克力糖和其他糖果。全世界购买旺卡牌巧克力的孩子都有机会，只要发现藏在包装纸里的金券，谁获得金券谁就是幸运儿。不过，旺卡先生一共只准备了5张金券，小查理得到金券的机会微乎其微，他也很想得到金

105

券，去参观那神秘的巧克力工厂。

全世界一下子掀起了购买旺卡牌巧克力的热潮，幸运儿一个又一个地出现了，媒体们也都在播报孩子们发现金券的新闻。首先是喜欢暴饮暴食的奥古塔斯格卢普，一个不爱思考只喜欢每天往嘴里塞甜食的胖男孩。接下来的一位是被家人宠坏的小女孩维露卡·索尔特，要是她爸爸不给买她想要的东西，她就会耍赖、撒娇，又踢又闹吵个没完。第三位幸运儿是嚼口香糖冠军紫罗兰博雷加德，她只在意往自己背包里不断地装战利品。第四位是麦克蒂维，一个喜欢打电玩，谁都瞧不起，总是喜欢炫耀自己比别人聪明的小男孩。

前4张金券都有主人了，最后的机会会降临在小查理身上吗？奇迹终于发生了，小查理不经意间在雪地上发现了一张纸币，于是他欣喜地奔向最近的商店，迫不及待地买下了一块旺卡牌巧克力。很久没有尝到巧克力的小查理正想着这块巧克力会是什么味道时，拆开包装纸，发现下面露出了金色。没错，这是最后一张金券，一些顾客看到了金券，都要购买查理的金券，但是查理却听了店老板的话，将金券带回了家。查理就要去巧克力工厂了，他的心里充满着欢乐和喜悦，他的爷爷、年迈的乔·巴克特听到这个好消息高兴得从床上跳下来，他回忆起旺卡先生在关闭塔楼之前自己在

巧克力工厂工作时的美好时光。全家决定让爷爷陪伴小查理去，一块去度过即将到来的精彩纷呈的冒险时光。

参观巧克力工厂的过程是一次奇特的经历。小查理、爷爷和每个参观者都被眼前的景象和扑鼻而来的香味惊叹不已，他们的体验充满了无限的着迷、狂喜、好奇、惊讶和迷惑不解。说得夸张一点，即便是做最荒诞的梦，你也想象不出这样的事情。飞流直下的巧克力瀑布，龙头船航行在棕色巧克力糖浆的河流，郁郁葱葱的口香糖草地，还有满山遍野的牛奶糖，到处都是

巧克力。巧克力工厂里的工人全是来自蛮荒丛林、酷爱巧克力（可可豆）的矮人国的小矮人。

巨大的"糖衣炮弹"让其他 4 个孩子都失去了自制。奥古斯塔格卢普掉进了巧克力河里，被吸进了制糖间，他的妈妈在小矮人的带领下把他从巧克力桶中救了出来。紫罗兰博雷加德变成了蓝莓（特大号）送去榨汁。虽然更灵活，但全身变蓝，维露卡·索尔特被送进了垃圾道，还好焚烧炉坏了。她爸爸也被坏坏的松鼠推进垃圾道。麦克蒂维不听劝告，进入传送装置，

变成了信号微粒，出现在电视里。但是信号很小，于是他去了拉太妃糖间，变得很高很扁。这就是他们的下场。

对于这一切，小查理不为所动，他并没有因为一时的激动而失去理智。最不可思议的事发生了，查理成了最后的赢家。威利·旺卡打算把整个巧克力工厂送给查理，让查理和自己回工厂，当自己的继承人。但是有一个条件，那就是从此不许和家人们生活在一起。查里感到很莫名其妙，为了家人们，查理放弃了机会，他认为家是最好的，拿什么都不能换，就是拿全世界的巧克力都不换。

之后查理发现了旺卡童年时不为人知的秘密，旺卡从小就离开家人去外创业，才有了今天的成功，所以他认为家人只有唠叨和管教，没有真正的亲情，后来查理陪同威利·旺卡去拜访了他的父亲，最后旺卡终于懂得了亲情诚可贵，明白了父亲的良苦用心。

最后，查理同意接管工厂，当旺卡的继承人，并且旺卡把查理全家人都原封不动（包括那个歪歪斜斜的破房子）地搬进了工厂，与他们成为了一家人。

《阿甘正传》
——巧克力人生 ＞

人生就像一盒巧克力，你永远也不知道下一个吃到的是什么味道。

阿甘于二战结束后不久出生在美国南方阿拉巴马州一个闭塞的小镇，他先天弱智，智商只有75，然而他的妈妈是一个性格坚强的女性，她常常鼓励阿甘"傻人有傻福"，要他自强不息。

阿甘像普通孩子一样上学，并且认识了一生的朋友和至爱珍妮，在珍妮和妈妈的爱护下，阿甘凭着上帝赐予的"飞毛腿"开始了一生不停的奔跑。

阿甘成为橄榄球巨星、越战英雄、乒乓球外交使者、亿万富翁，但是他始终忘不了珍妮，几次匆匆的相聚和离别，更是加深了阿甘的思念。

有一天，阿甘收到珍妮的信，他们终于又要见面……

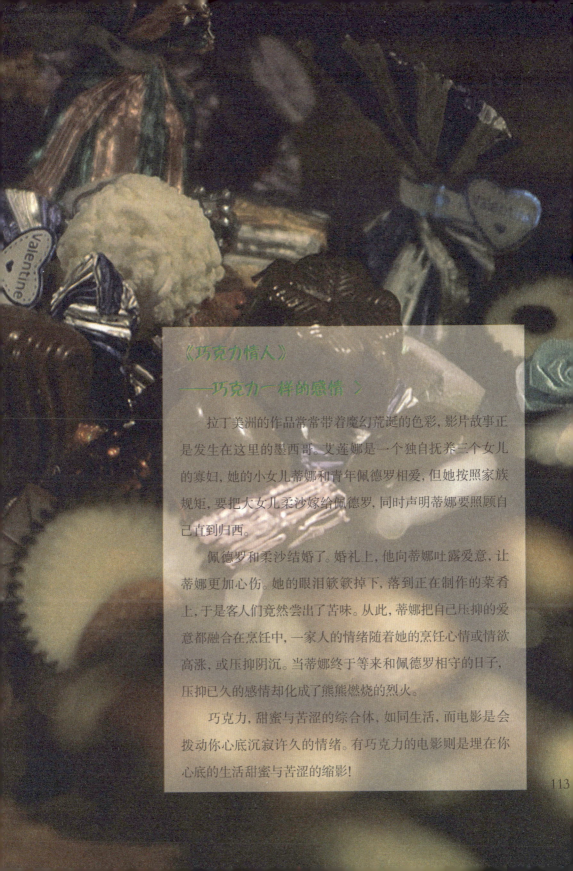

《巧克力情人》
——巧克力一样的感情 》

拉丁美洲的作品常常带着魔幻荒诞的色彩，影片故事正是发生在这里的墨西哥。艾莲娜是一个独自抚养三个女儿的寡妇，她的小女儿蒂娜和青年佩德罗相爱，但她按照家族规矩，要把大女儿柔沙嫁给佩德罗，同时声明蒂娜要照顾自己直到归西。

佩德罗和柔沙结婚了。婚礼上，他向蒂娜吐露爱意，让蒂娜更加心伤。她的眼泪簌簌掉下，落到正在制作的菜肴上，于是客人们竟然尝出了苦味。从此，蒂娜把自己压抑的爱意都融合在烹饪中，一家人的情绪随着她的烹饪心情或情欲高涨，或压抑阴沉。当蒂娜终于等来和佩德罗相守的日子，压抑已久的感情却化成了熊熊燃烧的烈火。

巧克力，甜蜜与苦涩的综合体，如同生活，而电影是会拨动你心底沉寂许久的情绪。有巧克力的电影则是埋在你心底的生活甜蜜与苦涩的缩影！

●巧克力键盘——偷梁换柱

看到"巧克力键盘"五个字的时候，你是不是想到了笔记本电脑上闪烁着棕褐色的光泽的小按键？是不是想着一边上网，一边看电影，一边往嘴里送吃的？如果你这么想的话就大错特错了，这里的巧克力键盘是个偷梁换柱的概念。

Pause
Break

Clear

Page
Up
▲

me
◄

7

Page
Down
▼

End
►

巧克力趣闻

巧克力键盘的真面目 ＞

巧克力键盘又称浮动键盘，悬浮式键盘，笔记本巧克力键盘荣获了国际权威工业设计大奖——2009德国红点设计大奖的最高奖项——红点奖。

之所以大家把目前这些流行的笔记本键盘设计称为巧克力设计，是因为这种键盘的外观颇像真正的巧克力，而鉴于笔记本巧克力键盘种类繁多的情况，在这里有必要给大家专门讲解一下巧克力键盘的基本区分。键盘中有一层抠了洞的C面基板，每个键帽依次独立地放置在带洞的C面基板中，这种键盘我们把它称为孤岛式键盘，也可以称为独立式键盘。除孤岛式键盘之外的其他键盘就属于非孤岛式键盘，非孤岛式键盘没有C面基板，键盘键帽非常薄且比较平整的就称为浮萍式键盘，也可以称为平浮式、悬浮式。

QIAOKELIQUWEN

种类 〉

• 平面孤岛式键盘

优点：容易清洁、不卡指甲。

缺点：小键帽。不适合粗手指男士。使用孤岛式键盘并非什么新生事物，早在2004年，索尼 VAIO X505 就使用了这样的键盘结构，索尼将其称为独立式键盘，但在巧克力成为时尚的时候，这种键盘结构就这样被巧克力化了。所以，现在大家提起巧克力键盘，应该具备一点常识，这种键盘的创始者应该是索尼。而后，苹果笔记本全线采用了这种设计，导致一部分人误以为巧克力键盘是苹果的发明创造。还别说，孤岛式键盘那凸起的质感，是最

有巧克力味道的，一块块凸起的巧克力键帽，更是让这种键盘看起来很抢眼，同时，孤岛式键盘有整体厚度低的优势，这样，就让其在超薄机型和小屏幕上网本上优势明显。而键帽间存在明显间隙，显得美观（对于女生来说），在清洁时也方便很多。同时，孤岛式键盘那较大的键帽间隙，对于初使用笔记本的人，尤其是女孩子来说，显得更容易上手，既可减少输入时的错误，还可避免指甲卡到键盘间隙时的尴尬。所以，孤岛式键盘已经成为时尚本和超薄本的一个标志物了。不过按键本身小、间隙大，这对于手指较粗的男士来说，就不是那么好用了，事实上，很多男性用户不喜欢用索尼本的原因就在于此。

117

• 弧面孤岛式键盘

优点：易清洁、不卡指甲、弧面手感好。

缺点：键帽依旧偏小。在联想 ThinkPad Edge 系列和 X100e 系列上我们又看到了一种独特的设计，虽然这几款笔记本的键盘是典型的孤岛式键盘，但在细节上，却跟索尼和苹果键盘有一定区别，它融入了更多传统键盘的元素，如弧形键帽在孤岛式键盘上的出现，2.5mm 的超长键程更接近于传统键盘，敲击的时候也更加舒服，而优良的回弹手感，使得敲击键盘时的感觉堪比传统的 ThinkPad 经典键盘，这就极大地缓解了一些使用者尤其是 ThinkPad 老用户难于适应巧克力键盘平面键帽的困扰，增加了孤岛式键盘的适用范围。不过严格来说，这种按键设计，在视觉上依旧给人以"太小"的感觉。当然，如果机身增大，键帽可以适当增大。

119

• 平面浮萍式键盘

优点：外观酷炫

缺点：键帽平稳性不够、容易误碰其他按键。"平""浮"二字把宏碁的键盘形容得很贴切。

宏碁的 Timeline 系列轻薄本率先提出了浮萍式键盘这一概念。这种键盘拥有悬浮的结构，巧克力式的键帽。但只要仔细观察你就会发现，浮萍式键盘的键帽只是平平的一片，并不像孤岛式键盘那样，是一个立方体。正因如此，浮萍式键盘的底面上也就无须开槽与键帽进行配合。

浮萍式键盘给人第一印象非常炫酷，由于键面只是一平面的片状结构，而中心的支撑点掩盖在键帽下方，这样就令人感觉到键盘就是一片片浮萍支撑在笔记本的 C 面上，充满了科幻的味道，而这种特殊的结构也令浮萍式键盘的手感比较特殊，触发力度小，键帽反应迅速。当然，谁会为这样的设计买单，还要看使用者的喜好了。

浮萍式键盘也存在一些问题，由于键帽与键盘底面存在较大的间隙，加之两个键之间的缝隙也较大，不仅灰尘，甚至连一些较大的杂物，如食物残渣、小螺丝等等，都可能丢进键帽与底面之间的缝隙。这不仅会影响到笔记本的清洁，而且，一旦大杂物进入，还可能造成键帽卡键。

同时由于无键帽与卡槽的限位作用，在使用时，键盘还有左右摇晃的感觉；过分紧密地按键，也使得手指较大的用户在按下按键后，手指的边缘容易误碰到其他按键。从这个角度来说，这种浮萍式按键的键程一定不能长，否则问题多多（事实上市场上就有长键程的平面浮萍式键盘机型），而这对厂商的设计实力也提出了更高要求。

巧克力趣闻

• 阶梯浮萍式键盘

优点：键帽较大、手感舒适

缺点：视觉上有些生硬。用"阶梯式"来形容三星的键盘是有根据的，近期笔记本市场开始流行另外一种浮萍式键盘。不过，与传统的宏碁式浮萍式键盘不同，这种浮萍式键盘可算改进型。以图中这款产品为例，它的键盘部分更像是在传统键盘基础上，对键帽进行了改进，以方正的阶梯形状巧克力造型，来替代传统笔记本上那种平面键盘，将以往笔记本键面上的弧面改为平面设计。

这样设计的好处，不仅会令键盘显示出一种平面的整洁感，而且按键与按键之间的缝隙依旧很小，不容易进灰；另外，阶梯浮萍式键盘，较之宏碁那种紧密且光滑的平面浮萍式键盘，使得手指接触的键帽部分的间距被人为地增大了一点，避免了按下时误碰到其他按键的情况。从某种意义上说，这种阶梯浮萍式键盘可以将键程做得更大，手感会更好。不过，这种键盘上过多正方形的出现，使得视觉上有些生硬。当然，这也要看个人喜好了。

• 弧面浮萍式键盘

优点：弧面键帽贴合手指、触压感稳定

缺点：依旧需要控制好键程。惠普也为我们带来了一类改良型的浮萍式键盘，如惠普2140上使用的键盘。与传统平面浮萍式键盘一样，它也没有C面基板，但它的键帽呈现出弧面弯曲状态。

这种键盘设计的优点是，它既保证了键盘的密度，避免了灰尘的进入，又依靠弧形表面，将手指的触压点集中在了键帽的中心位置，不至于让按键在按压时"东倒西歪"。总体来说，这种弧面浮萍式设计优势在于较多贴合手指、触压感稳定，且造型非常漂亮。不过，和传统的"宏碁浮萍式键盘"类似，它也没有解决键程问题：如果键程稍长，就有可能接触其他按键，厂商对键盘的键程依旧需要做精准的控制。

• 宽触丽落键盘

左右两条槽是东芝的精髓所在。经过演化后，东芝为自己的巧克力键盘起了一个不错的名字——宽触丽落键盘。这块键盘同样也是如其名字般易于理解。宽触：键面并非规矩的正方形，而是较宽的长方形，使得手指的接触面更广。而丽落又分为"利落"和"亮丽"：利落表现按键回弹轻松干脆的特点，亮丽则是东芝喜欢用釉质般的漆面作为按键涂层，在保持不黏手的情况下让整体带上光泽，体现出高贵和亮丽。

这块键盘同样以巧克力键盘为原型，改动的关键在于"宽触"两字。针对容易误触的缺陷，东芝先将按键设计得较宽，然后在左右两边划上一条细槽，这样一来，宽度仍然能完全支持手指的发力，保持稳度，而旁边的细槽因为不如中间那样平整，在指尖敲下的一瞬间会传达出一个信息"嘿，这里已经是边界了，注意哦！"，这样一来，手指在每一次离位时都会下意识的自觉调整，下一次误击的几率就大大减小了。这个设计很精妙，其实我们在使用时并不会想那么多，但自然而然地就做出了调整，完全是潜意识。虽然并没有查到这个键盘设计属于东芝专利的相关信息，但市面上也并没看到有其他厂商在模仿或者套用，应该是有知识产权保护的。

巧克力趣闻

> 巨型巧克力

2004年圣诞节前夕，一块巧克力"巨无霸"在意大利亮相，这是展现耶稣诞生场面的世界最大巧克力，制作精美绝伦，32位面点师花费4500小时、用了3吨多巧克力才将其完成。

这块巧克力"诞生"在意大利南部城市那不勒斯，是32位面点师的精心之作。他们认真设计造型，耗费7275磅纯巧克力（约合3.3吨），才终于完成了这块宽19英尺8英寸（约合6米）、高9英尺10英寸（约合3米）的硕大巧克力。制作完这块巨型巧克力后，面点师安东尼奥表示："对我们来说，这件事绝对'后无来者'，我们将来不可能再制作这样的巧克力了。"

据悉，安东尼奥之所以这样说，是因为这块大巧克力确实太耗时耗力了，不仅造型巨大，而且制作复杂。巧克力展现了耶稣诞生的场面，其中塑造了100多个各式各样的人物、动物形象，包括耶稣、牧羊人、动物和村民等等，全部惟妙惟肖。而且，巧克力

上还点缀了许多静物，包括环绕的群山，大大小小的山洞和地中海式风格的房屋等等。

为了做好这块华丽、精美的巧克力，全部面点师在当地一个专门的工作间中齐心协力、夜以继日，花费了至少4500个小时。由于有许多巧克力人物需要雕刻和设计，制作团队中除了当地最棒的面点师外，还包括不少著名的木匠、雕刻家和画家等。

这块巧克力在那不勒斯一露面，立刻吸引了无数居民和游人的注意，一些人表示，这块巧克力绝对是2004年圣诞节的一大亮点。在这块巧克力之前，世界上还曾出现过不少吸引眼球的独特巧克力。

2004年情人节前夕，一名德国厨师在泰国首都曼谷的一家饭店里制作了一个巨大的巧克力"心"，高5米、宽5米，约重922千克。2003年10月，在意大利城市佩鲁贾，人们制作了一颗重量达6吨、足有7.26米长的巨型巧克力糖。2001年情人节来临之际，一辆用巧克力制作的、和原物一样大小的汽车出现在日本北海道札幌车站的地下商店里，引得购物者纷纷驻足观看。原来，这是某汽车厂家为宣传新型车而制作的情人节特殊礼物。据说制作这辆"车"使用了约100千克的不易融化的特殊巧克力，费用相当不菲。

127

图书在版编目（CIP）数据

巧克力趣闻 / 魏星编著. -- 北京：现代出版社，
2016.7 （2024.12重印）
ISBN 978-7-5143-5213-9

Ⅰ.①巧… Ⅱ.①魏… Ⅲ.①巧克力糖—普及读物
Ⅳ.①TS246.5-49

中国版本图书馆CIP数据核字（2016）第160848号

巧克力趣闻

作　　者: 魏星
责任编辑: 王敬一
出版发行: 现代出版社
通讯地址: 北京市朝阳区安外安华里 504 号
邮政编码: 100011
电　　话: 010-64267325　64245264（传真）
网　　址: www.1980xd.com
电子邮箱: xiandai@cnpitc.com.cn
印　　刷: 唐山富达印务有限公司
开　　本: 700mm×1000mm　1/16
印　　张: 8
印　　次: 2016年7月第1版　2024年12月第4次印刷
书　　号: ISBN 978-7-5143-5213-9
定　　价: 57.00 元